U0167769

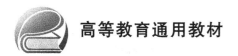

高等教育通用教材

高分子化学实验

主　编　王明存
副主编　霍利军　刘明杰

北京航空航天大学出版社

内 容 简 介

本书介绍了高分子化学实验的安全知识、基本技能和基础理论知识,详细描述了常见教学项目的原理、实验目的和实验步骤,并在每一个实验项目后给出思考题。全书共 5 章:第 1 章介绍与高分子化学实验有关的实验室安全知识,包括如何进行器材清理、预习和实验记录;第 2 章介绍与高分子化学实验有关的实验操作技术和高分子材料表征技术;第 3 章介绍高分子化学实验的基础理论知识,包含相关的高分子物理和高分子加工学知识;第 4 章是高分子化学基本实验,共设 19 个实验项目,涵盖了自由基聚合、自由基共聚合、阴离子聚合、阳离子聚合、缩合聚合、聚合物化学改性、含硅半无机高分子和复合材料制备等实验内容;第 5 章是高分子化学综合实验,共设 6 个实验项目,是在基本实验的基础上融合大分子设计和多步骤合成,旨在提高学生的综合实验能力。最后在附录部分给出了高分子化学实验的有关知识。

本书既可作为高等院校高分子化学实验课程的教材,也可供从事高分子专业、复合材料专业的教师、学生和技术人员作为参考。

图书在版编目(CIP)数据

高分子化学实验 / 王明存主编. -- 北京 : 北京航空航天大学出版社,2022.1

ISBN 978 - 7 - 5124 - 3679 - 4

Ⅰ. ①高… Ⅱ. ①王… Ⅲ. ①高分子化学—化学实验—高等学校—教材 Ⅳ. ①O63 - 33

中国版本图书馆 CIP 数据核字(2021)第 271167 号

版权所有,侵权必究。

高分子化学实验

主 编 王明存

副主编 霍利军 刘明杰

策划编辑 冯颖 责任编辑 冯颖

*

北京航空航天大学出版社出版发行

北京市海淀区学院路 37 号(邮编 100191) http://www.buaapress.com.cn

发行部电话:(010)82317024 传真:(010)82328026

读者信箱:goodtextbook@126.com 邮购电话:(010)82316936

北京富资园科技发展有限公司印装 各地书店经销

*

开本:787×1 092 1/16 印张:7 字数:179 千字

2022 年 1 月第 1 版 2022 年 1 月第 1 次印刷 印数:1 000 册

ISBN 978 - 7 - 5124 - 3679 - 4 定价:25.00 元

若本书有倒页、脱页、缺页等印装质量问题,请与本社发行部联系调换。**联系电话:(010)82317024**

前　　言

随着高分子科学的发展,高分子材料已渗透到日常生活和生产的各个方面,而高分子化学目前被公认为是四大基础化学(无机化学、有机化学、分析化学和物理化学)外的第五大化学分支。

高分子化学是一门实验科学,需要进行大量的合成实验和性能表征,以了解、掌握和运用高分子合成和材料性能的基础知识和技能,因此"高分子化学实验"是有志于从事高分子化学和相关领域研究的年轻学子必学的专业基础课。通过实验课程训练,学生可以巩固并加深对高分子化学实验的基本原理和概念的理解,掌握高分子化学实验的基本方法,培养动手能力、观察能力、查阅文献的能力、思维创新能力、表达能力、归纳处理能力、分析实验数据及撰写科学报告的能力,进而培养学生求真求实的科学探索精神和初步的独立科研能力。

"高分子化学实验"课程的教学目的主要有以下两项:

➢ 掌握高分子化学实验的基本研究方法,通过实验手段熟悉高聚物的合成和结构表征,理解高聚物化学性质与结构之间的关系,学会重要的高分子化学实验技术和基本实验仪器的使用。

➢ 掌握实验数据的处理及实验结果的分析和归纳方法,从而加深对高分子化学基础知识和基本原理的理解,增强解决实际化学问题的能力。

"高分子化学实验"课程的基本任务:通过严格的、定量的实验研究聚合物的合成,以及聚合物的化学、物理性质和化学反应规律,使学生既具有坚实的实验基础,又具有初步的科学研究能力,完成由学习知识、技能到进行科学研究的初步转变,为化学专业和应用化学专业培养高素质的专门人才。

国内外已经出版了许多高分子化学实验教材,但是高分子科学的发展日新月异,因此高分子化学实验课程应该体现这种变化趋势,更加注重对学生动手实验技能和从事科研能力的培养。高分子化学实验更应该与所在高校的专业特长结合起来,有所为、有所不为,既锻炼学生的专业实验技能,又突出专业和行业特点。比如北京航空航天大学紧密结合航空航天行业的国防科技特色,高分子化学实验突出军用高分子材料的合成与表征,培养了大批具有航空航天特色的高分子人才(航空航天类高分子实验,参见基本实验9、15、16、18、19和综合实验6,约占本书全部实验数量的25%);这些具有航空航天特色的实验项目在其他高校的高分子化学实验教学中缺乏相应的条件。

本书开设的高分子化学实验项目包括19个基本实验和6个综合实验,每一个实验项目建议课时6~8 h,可以在实验过程中根据实际情况调整。

在编写本书过程中,编者参阅多种以往教材,查阅了许多科研论文,选择了经典和具有代表意义的实验项目,并增设了一些新的实验项目,力求使本教材更能体现基础知识与实验技能的融合培养。在实验过程中充分利用现有资源,所选用的试剂皆能方便采购。在基础实验的设置上,涉及自由基本体聚合、自由基乳液聚合、自由基悬浮聚合、阴离子溶液聚合、阳离子开环聚合、缩合聚合、聚合物的化学转变、无机聚合物的缩聚、玻璃化温度测定、聚合物的增材制造等;在综合实验的设置上,涉及丙烯酸酯类大单体的合成与共聚物的制备、绿色胶黏剂制备环保胶合板、航空耐高温热固性聚合物的合成、特种聚合方式合成有机金属聚合物、活性聚合制备嵌段共聚物、开环聚合合成耐高温高残炭聚合物等,以期达到理论结合实际、学以致用的教学目的。本书不再介绍高分子化学合成与测试的理论知识,读者可以参阅经典的高分子化学教材。

需要说明的是,本书是在本科实验讲义的基础上改编的,在北京航空航天大学化学学院自2011年试用至今,尽管每年都有更新,目前仍有很多不完善之处,希望各位同学和老师在使用过程中提出宝贵意见和建议。

编　者

2021 年 10 月

目　　录

第1章　高分子化学实验安全

1.1　实验室安全

1.1.1　高分子化学实验守则

高分子科学(包括高分子化学、高分子物理、高分子加工、聚合工程等)是实验性很强的化学学科,高分子化学实验对于理解高分子的合成、性能和成型具有重要实践意义。为了培养良好的实验操作和结果分析习惯,应该遵守以下基本实验守则:

① 实验前预习相关实验内容,包括实验原理、实验目的、实验器材和所用试剂、实验步骤及注意事项,特别要熟悉所用试剂的物性,以及遇到误操作时应该如何应对。

② 实验开始前,检查器材和试剂是否合格、齐全,玻璃器皿是否清洗干净,要确保实验台面足够宽敞,并按照操作规程搭建好实验装置。

③ 弄清实验室内水、电、高压气体管路的开关和走线,明确各种高压气体的标记和使用注意事项。

④ 准备好实验防护用具(如防护眼镜、防毒面罩和乳胶手套等),检查并准备好应急淋浴和洗眼器,确保可以安全实验。

⑤ 实验过程中,仔细观察反应现象,时刻关注实验运行是否顺畅,并及时记录。

⑥ 实验过程中,不得随意丢弃试剂,应该收集到指定的废液瓶/废固瓶中,交由专业处理公司进行后续处理。废气在及时进行处理后,将尾气通过通风系统导出室外。

⑦ 严禁在实验室吸烟、饮食,非实验室人员禁止入内。

⑧ 听从实验指导教师的安排,有问题及时报告、及时解决,不可随意更改实验内容。

⑨ 实验完毕,将样品交由指导教师回收;实验器材设备放回原处;玻璃器皿清洗干净,放在烘箱中或放在气体烘干器上进行干燥处理。指导教师签字后方可离开实验室。

1.1.2　高分子化学实验常见安全事故及其对策

以下是高分子化学实验过程中常见的安全事故,应该知悉预防措施和出现事故时的应急处理对策。

(1) 玻璃器皿造成的割伤

装配玻璃仪器时连接口不匹配、玻璃管有毛刺、用力过猛或用力不当等,都会造成划伤或刺伤。

装配玻璃器皿时应该注意:① 玻璃器皿接口要配套,连接前应涂抹硅脂或缠绕四氟胶带,以起到密封作用;不建议磨砂管件直接连接,这可能会造成反应后卡在一起而无法分离。② 玻璃管/棒切割后,应用酒精灯火焰将切口烧熔,以消除棱角。③ 玻璃器皿装配时遵守操作要点,不用蛮力,比如玻璃管插入胶塞时,应靠近插入部位,旋转着慢慢插入。

发生划伤时应及时取出伤口处的玻璃碎渣,用蒸馏水清洗伤口,涂上红药水,洒上止血粉(从实验室应急医药箱中拿取,每季度检查应急箱中的医药和器具,超过保质期应及时更换),用医用纱布包扎好。情况严重时,拨打校园急救电话,送医治疗。

(2) 易燃试剂的着火

易燃液体或气体试剂着火时,火焰传播快、危害大,应该立即予以正确应对和扑灭。固体试剂着火,一般采取砂子或灭火毯,扑灭明火后,应立即采取反应消除法将易燃固体转化掉。

目前实验室很少直接使用管道燃气,也不会贮存大量可燃液体和气体。发生试剂失火的情况一般有以下几种:① 用敞口容器加热易燃和挥发性试剂时发生着火。应该用带有回流冷凝管的烧瓶加热液体试剂,不要明火加热,应选用油浴或电热包加热,严禁在电热鼓风烘箱中加热试剂。② 反应瓶中的试剂蒸气外漏,遇到高热而着火或爆炸。应该随时观察反应装置的气密性,发现泄露现象及时暂停加热和反应,迅速开窗排气,将泄露处密封好;接口松动应拧紧,并用铝夹(夹钳上加装橡胶套,以免夹紧玻璃件时将其夹碎)固定好;器皿有裂缝则立即更换新的玻璃器材;橡胶塞等老化造成气密不严,应立即更换有弹性的新胶塞。③ 废液缸中的易挥发易燃试剂引起的着火。废液缸禁止倾倒易燃易挥发试剂,应该收集到专门的试剂瓶中,标记好送交废液处理公司;废弃试剂先进行无害化处理,然后收集到废液缸;碱性试剂与酸性试剂应分开收集。

应该熟悉实验室消防灭火器的操作,干冰灭火器或泡沫灭火器一般用于液体试剂引起的失火。沙土或灭火毯一般用于固体试剂引起的失火。灭火时应从周围向中心扑灭。

如果失火较小,也可以用湿布扑灭。身上着火,切勿乱跑乱叫,应及时卧倒滚动,请求同伴用灭火器协助灭火。

实验室内一般不用水来灭火,有机物一般不溶解于水且比水轻,用水灭火很可能造成火势蔓延。只有确信失火试剂与水互溶时,才可以用消防水枪灭火。

(3) 真空或高压引起的爆裂

在减压蒸馏时使用不耐压的玻璃容器(比如锥形瓶、平底烧瓶等),会造成玻璃向内爆裂。所以在进行减压蒸馏或操作旋转蒸发仪时,应该用单口圆底烧瓶,接收馏分也应用圆底烧瓶。

密闭条件下,切勿在常压反应瓶中进行加热或放热反应,会发生塞子喷出或烧瓶爆裂的危险。很多时候这种情况是误操作引起的,所以进行常压操作时,应在加热或加料前,检查装置确保满足实验要求后,方可开始实验。

加压操作应选用耐压玻璃烧瓶,连接处应有套箍,操作时带防护目镜,或在通风柜中操作,将防护玻璃屏拉下来。

另外在操作过氧化物、碱金属等易燃易爆试剂时,要倍加小心,严格操作,及时无害化处理废弃试剂,向反应器里加料也要迅速。

(4) 有毒试剂引起的中毒

化学试剂都有一定的毒性,高分子材料聚合所用单体也不例外。聚合后高分子的毒性很小,但作为固体进入人体也会戴来应激性病变。因此在高分子合成、高分子成型和高分子改性实验中,要做到以下几点:① 做实验时戴好橡胶手套,有机试剂不要沾到皮肤上,一旦与皮肤有接触,先用卫生纸擦除干净,然后用乙醇擦拭,最后用自来水冲洗。② 实验过程中戴好活性炭口罩,最好佩戴防毒面具,以免吸入过多有毒气体。③ 处理有毒或腐蚀性试剂应在专用工作台上,佩戴必要的防护器具,气体则要导入通风管道。④ 对沾染有毒试剂的器皿,应暂时放置在专用工作台上,实验间隙或实验完毕后进行无毒化处理,洗涤干净后烘干备用。⑤ 若出现中毒症状,应及时就医。

(5) 高低温或腐蚀引起的灼伤

高分子化学实验中的灼伤一般包括接触高温、接触低温或接触腐蚀性试剂引起的皮肤灼伤损坏。

实验人员接触高温物体、蒸气,会因高温而烧灼皮肤,此时应先用冰敷,再涂红花油或烫伤药膏,随后就医。

实验人员接触干冰、液氮或极低温冷却液等低温物体或试剂,会因低温而引起皮肤冻伤,此时应用毛巾覆好冻伤处,及时就医。

实验人员接触腐蚀性试剂(如液溴、浓硫酸、强碱、强氧化剂等),会因试剂与皮肤水分或蛋白质的反应而引起损伤,应及时擦除腐蚀性试剂。酸烧伤用1%苏打水冲洗、碱烧伤用1%硼酸溶液冲洗,然后用乙醇冲洗,最后用自来水冲洗,严重时应及时就医。

(6) 实验室常备急救医药器材

实验室常备急救医药器材包括医用酒精、红药水、止血粉、硼酸溶液(1%)、小苏打(1%)、创可贴、药棉、医用纱布、医用止血钳、药棉、绷带、口罩、医用手套等。

1.2　玻璃仪器的清洗

玻璃仪器使用前先检查是否洁净,实验完毕后及时清洗、烘干并放回存放处。

不建议使用铬酸洗液洗涤玻璃器皿。水溶性残余物可用毛刷配合洗衣粉进行擦洗,用清水冲净后再用去离子水冲洗,器皿倒置而器壁不挂水珠,然后在玻璃烘干器或鼓风烘箱中干燥;需要立即使用的,可用吹风机热风吹干。

胶状或油污状残留物首先用工业乙醇浸泡,封口后静置,直到残留物基本溶解;然后用毛刷刷洗,用工业乙醇冲洗,乙醇废液应回收到废液桶里;接着用自来水和去离子水依次清洗;最后烘干后备用。

使用过的玻璃器皿也可以浸泡在10%氢氧化钠溶液中(溶剂为1/2乙醇和1/2水),浸泡2~3日后取出,先用清水冲洗,再用去离子水冲洗,最后烘干备用。

1.3　实验预习和实验记录

为了更好、及时地完成各个步骤的操作,应在实验前预习,并写好预习报告。预习主要包括:① 实验原理的复习,明白该实验所依据的理论知识或要验证的结论;② 明确实验目的,在本实验中要实现哪几项实验目标;③ 了解和熟悉实验用的试剂和器材以及实验中所合成的材料的性质,为正确操作做好准备;④ 预习实验步骤,进行头脑中的理想实验,树立"预则立、不预则废"的实践思想;⑤ 写好预习报告,包括目的、理论知识、试剂器材、实验结果、结果分析、思考等几部分,但实验结果、结果分析和思考这三部分是空白的,要在实验过程中通过观察、测量和计算后现场填写。

进行实验前应检查测量仪器和试剂是否符合实验要求,并做好实验的各种准备工作,记录当时的实验条件。在实验过程中,及时准确的观察、测量,将结果如实记录在预习报告或记录本上,如果记录失误,不能将结果涂改或划掉,应作出删除符号后重写。实验完毕后,将实验记录交由指导教师签字。最后拆卸实验装置,将玻璃器皿和辅助部件清洗、烘干,并归位。

1.4　实验报告

实验结束后学生必须将原始记录交指导教师签名,然后正确处理数据,写出实验报告。撰写实验报告的目的是总结实验现象和结果、分析实验中的问题、得出一些必然的结论。

实验报告是在实验预习的基础上完善的,在实验预习报告中已经包含实验目的、实验基础、试剂器材(装置图)、各步骤操作要点(含反应式),需要在实验报告中完善的内容包括各步骤操作记录、结果计算(产率、含量)、主要结论、问题讨论。其中实验讨论是实验报告的重要部分,指导教师应引导学生通过这一部分反映出学生的心得体会,以及对于实验结果和实验现象的分析、归纳和解释,鼓励学生进一步深入进行该实验的设想。

实验报告完善后,应及时上交。

第 2 章　高分子化学实验基本技能

2.1　简单玻璃工操作

现在实验室玻璃器皿一般采购标准件,很少自己在实验室内加工,但有些不便采购的玻璃耗材还需要自己加工,比如玻璃弯管、玻璃管封口、毛细管拉制、玻璃管截断等。

切割玻璃管或玻璃棒时,首先将其清洗和烘干,用金刚石切割器卡在玻璃管或玻璃棒上沿一个方向旋转,切出圆形的浅痕;然后握住切割痕两端,稍用力弯折即可断裂成两截;最后将断口在酒精灯上烘烤熔融以消除毛边毛刺,或者用砂纸打磨圆滑。

玻璃切割刀和玻璃切割砂轮如图 2-1 所示。

(a) 玻璃切割刀　　　　　　　　　　　　　(b) 玻璃切割砂轮

图 2-1　玻璃切割刀和玻璃切割砂轮

玻璃管弯曲时易发生受弯面和受拉面变形不一致的情况,应保持管径基本一致且在一个平面内。玻璃管在酒精灯上加热时,两手拿住两端慢慢旋转,直到受热部位显示黄色时,移出火焰、慢慢向一侧弯折,如果弯曲较大时应该多次重复进行。弯管后应该再次在酒精灯火焰中加热一会儿,放在石棉网上冷却,以释放弯管过程中的内应力。

拉制玻璃毛细管时,将玻璃管(内径 1 cm、管壁 1 mm)放在酒精灯外焰,两手拿两端慢慢转动,至发黄光时移出火焰,先慢后快,水平向两边拉伸,目测内径为 1 mm 左右时停止。现做现用的毛细管可以不封口;若加工多根备用,建议先封口,封口时将毛细管一端斜着插入酒精灯焰边,转动着待管口熔合即可拿出,再烧熔另一端口。做好的毛细管放在试管中保存。

2.2　无水无氧操作技术

阴离子聚合和配位聚合的引发剂是活泼金属或有机金属化合物,对水和氧气具有反应敏感性;阳离子聚合的 Lewis 酸引发剂也是不能接触水汽和氧气的。因此,活泼引发剂的存储和使用中要用到无水无氧操作技术。在离子聚合过程中,也要用到无氧无水操作技术。

无氧无水操作技术主要包括试剂和溶剂的干燥处理、无水无氧反应装置、保护气体的在线除氧除水、空气敏感化合物的提纯、空气敏感化合物的测试五个方面。

试剂或溶剂的干燥处理,要求达到绝对无水。因此溶剂或液体试剂用 4Å 分子筛浸泡 1 天以上(分子筛建议用新活化的,在马弗炉中 350 ℃加热处理 5 h,放在干燥器中真空冷却,充氮气后保存备用),将溶剂转移到如图 2-2 所示的封闭式溶剂蒸馏系统,内加钠片(将钠在玻璃板上用钢管擀薄后剪成小片,若是质子性溶剂比如乙醇,改用新鲜镁粉),在氮气保护和回流冷凝下搅拌加热以促进钠与残留水分反应,直到二苯甲酮指示剂显蓝紫色(彻底无水后,钠与二苯甲酮反应生成蓝紫色的离子);将绝对无水溶剂蒸馏到中部的接收瓶;放到干燥的试剂瓶后,在橡胶气管上接上长不锈钢针头,插入溶剂底部鼓泡除氧(氮气流预先经过五氧化二磷干燥塔),然后密封保存备用。

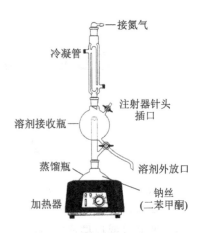

图 2-2 有机溶剂除水蒸馏装置

装配无水无氧反应装置是该技术的核心技能之一,一般要用到 Schlenk 管和双排管系统。图 2-3 所示的 Schlenk 管配有两通阀门以控制真空和惰性气体的更换,双排管一个臂上连接惰性气体管路,另一个臂上连接真空管路,这样可以通过双排管的阀门来控制对 Schlenk 反应器进行反复抽真空和充氮气,以达到完全排除氧气和水汽的目的。反应物料是通过注射器从橡胶塞加入的。实际上,也可以用三口烧瓶代替 Schlenk 管,其优点是可以加热、搅拌和回流,但玻璃连接部位要密封好,必要时可用真空封泥密封。反应试剂的转移通常用注射器进行,试剂用量小时也可以用微小氮气气压通过四氟管线从试剂瓶压入反应器中。

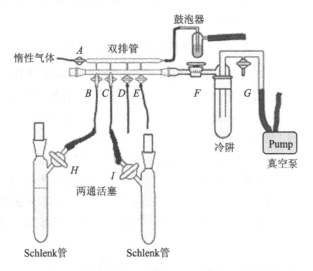

图 2-3 无水无氧操作中的反应器 Schlenk 管和双排管气体真空系统

惰性保护气体需要在线除水,氮气一般先通过填充干燥剂的干燥塔(干燥剂可以是五氧化二磷、分子筛或高氯化镁等),然后通过双排管进入反应系统。

2.3 气体钢瓶的使用

气体钢瓶是用特种铸钢制作的贮存高压气体的容器,不同气体的钢瓶颜色不同,如表 2-1 所列。

表 2-1　不同气体钢瓶的标色

高压气体类别	瓶身颜色	标字颜色
空气	黑	白
二氧化碳	黑	黄
氮气	黑	黄
氧气	天蓝	黑
氢气	深绿	红
氨气	黄	黑
其他可燃气体	红	白
其他不燃气体	黑	黄

高压气体钢瓶应存放在安全和地基稳定的地方,最好是接近实验室的室外独立房间,保持阴凉、干燥、远离热源。不同种钢瓶应分类隔离存放,禁止混放,更严禁不同气体混用钢瓶。

钢瓶搬运时装好瓶帽;固定在存放处时要有防倒设施(比如锁链);使用前加装配套的减压阀,减压阀要上紧,并检查是否漏气。可燃性气体一定要加装防回火装置。

使用前先检查并保持二级减压阀处于松弛状态(此时气路关闭);将总阀开启,等待总气压显示稳定;慢慢旋转减压阀,使出气气压显示在要求值(比如 0.1 MPa)。另外还应该检查与反应装置相连的橡胶管的气密性。

钢瓶一般三年一检,减压阀一年一检。

2.4　萃取和干燥

萃取是分离和提纯样品的常用操作方法,通常有液液萃取和固液萃取。萃取分离后,一般还要洗涤除杂,对溶液进行干燥处理,然后常压或减压蒸馏得到最终需要的样品。

(1) 样品的萃取与分液操作

采用分液漏斗进行液液萃取,图 2-4 是液液萃取操作示意图。充分摇荡使不相溶的两种液体充分接触;放气时轻拿玻璃塞,避免冲出;静置待液面分界线清晰时,分液收集需要的液层(上层或下层)。分液后要对样品溶液水洗、干燥,最后蒸馏回收溶剂的同时得到样品。样品可以是液体,也可以是固体。

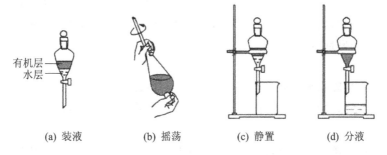

(a) 装液　　　　(b) 摇荡　　　　(c) 静置　　　　(d) 分液

图 2-4　液液萃取操作示意图

如果待萃取的液体样品量很小,也可以采取微量萃取方法(如图2-5所示):在离心管里放置待萃取液,将萃取用溶剂从试管底部鼓泡掺入试管中,使两种液体充分混合;待液面分界线清晰后,用吸管将液层分开;将需要的液层放在微量单口烧瓶中减压蒸馏就可以得到样品。

若是从固体中萃取样品,则先将固体研细,放在圆底烧瓶的索氏提取器料槽里(加装冷凝管或蒸馏头),在圆底烧瓶中加上适量溶剂,搅拌并加热蒸发,循环溶解-蒸发,逐渐将样品溶解富集到底部的蒸馏瓶,完成固体样品的萃取,如图2-6所示。

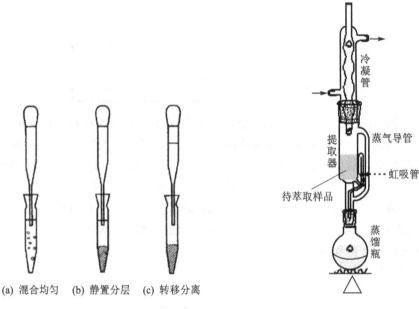

(a) 混合均匀　(b) 静置分层　(c) 转移分离

图2-5　微量液液萃取方法

图2-6　固体样品的萃取操作示意图

(2) 固体样品的干燥

如果固体样品对氧气和湿气是稳定的,可在空气中晾干后,在鼓风烘箱中电加热烘干或红外灯烘干,注意加热不要超过软化点或熔点;也可以在真空烘箱中干燥,这样干燥温度低一些,时间也要短一些。

(3) 液体的干燥

液体的干燥方法有干燥剂除水、活泼金属反应性除水、共沸蒸馏除水。

适用于液体试剂的干燥剂有:① 氯化钙、五氧化二磷等干燥剂,用于醛类、芳烃和烷烃类的除水;② 碳酸钾、硫酸镁、硫酸钠等干燥剂,用于醇类的除水;③ 硫酸镁、硫酸钠、碳酸钾等干燥剂,用于酮类的除水;④ 硫酸钠、硫酸镁等干燥剂,用于酸类液体试剂的除水;⑤ 氯化钙、硫酸镁、硫酸钠等干燥剂,用于卤代烃的除水;⑥ 氢氧化钠、氢氧化钾等干燥剂,用于胺类的除水。

活泼金属反应性除水剂主要是钠、镁、铝等易于与水反应的金属,一般以金属丝或薄片的形式放在液体试剂里,并在容器上加装无水氯化钙干燥管,便于将释放的氢气排除,同时阻止水气进入容器。

苯或甲苯与水共沸时形成共沸物,加热蒸出苯或甲苯的同时除去试剂中的水分。

（4）微量液体样品的干燥（干燥柱）

如果需要干燥的液体试剂量很小，可用图 2-7 所示的干燥柱。在柱中填充合适的干燥剂（如硫酸钠粉末、分子筛颗粒），两头用海砂封盖；先用干燥的低沸点溶剂润湿柱体，再将待干燥试剂导入上部，逐步通过柱体，最后可用少量低沸点溶剂淋洗。收集过滤液后，经减压蒸馏除去低沸点溶剂，即得所需无水液体样品。

（5）气体的干燥

根据气体的性质，将气体通过填充干燥剂的干燥塔或盛装有液体干燥剂的洗气瓶，达到将气体试剂干燥的目的。比如胺类气体，可以通过氢氧化钾干燥塔干燥。酸性气体则应通过浓硫酸洗气瓶予以干燥，或通过五氧化二磷干燥塔予以干燥。

装填干燥塔时，应选用颗粒状干燥剂，忌用粉末状，以防干燥剂吸湿后结块堵塞气路。在洗气瓶和反应器之间应连接安全瓶，防止倒吸。

干燥剂如可继续使用，应在两侧将气路封住；如不能再用，应及时予以更换。

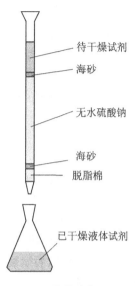

图 2-7　微量液体干燥柱

2.5　柱色谱

柱色谱是分离聚合物的常用方法，主要用到吸附柱色谱，又称为柱上层析。柱色谱是在玻璃管中填充合适的粉状吸附剂，如图 2-8 所示。利用聚合物中各组分在吸附剂上吸附-洗脱过程中分配效率的不同，在淋洗液作用下不断分离，从而达到分级和纯化。

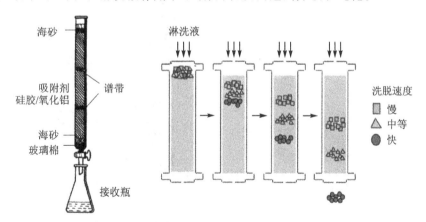

图 2-8　吸附柱色谱装置和洗脱过程示意图

常用的吸附剂有氧化铝、硅胶、碳酸钙和活性炭等。吸附剂在使用前要经过高温活化处理，去除粉化物。

一般来说，分子与吸附剂的作用越大，吸附能力强而不易被洗脱，在淋洗液作用下向下迁移的速度就慢。按照分子极性差异，吸附剂和有机分子之间吸附力的顺序是：酸和碱→醇和胺类→醛酮和酯类→芳香烃→卤代烃→醚类→不饱和脂肪烃→饱和脂肪烃。

洗脱液或溶剂的极性对于分离效果和洗脱速度有重要影响,通常需要将极性差别较大的两种溶剂配合使用,以达到较好的分离效果,同时洗脱速度较快。常用洗脱溶剂的极性顺序是:乙酸→吡啶→水→甲醇→丙酮→乙酸乙酯→氯仿→甲苯→四氯化碳→正己烷或石油醚。

吸附柱装填吸附剂时,注意不要有吸附剂缝隙,要在洗脱液作用下慢慢装填紧密。一般吸附剂用量是样品量的 30~100 倍,柱高是柱直径的 7.5 倍。

2.6 折光率的测试

本书仅介绍高分子材料的一个重要物性参数-折光率的仪器测试方法,其他物性参数的测试(如熔点等),可以参考有机化学实验的相关介绍。

折光率随着高分子聚合度的增大而变大,因此折光率可以作为高分子不同分子量大小的度量,可以作为凝胶渗透色谱的指示参数,也可以用作聚合过程中的聚合进程跟踪方法。比如在热塑性酚醛树脂的缩聚反应中,可通过跟踪反应液的折光率控制反应的终点,从而控制酚醛树脂的分子量。

折光率一般是在 20 ℃下采用阿贝折光仪进行测量,测量值与介质的分子结构和密度有关,也与测量时的温度和波长有关。一般在固定波长(58.9 nm)和固定温度(20 ℃)下测量,这样折光率就与介质材料密切相关。折光仪使用前先要校正,一般使用去离子水进行仪器校正,测试样品时应该加上校正值。

将阿贝折光仪(如图 2-9 所示)与恒温水浴相连,待温度计稳定在 20 ℃后开始测试。测试前先用镜头纸擦拭直角棱镜上下镜面,晾干或用面巾纸擦干后备用。

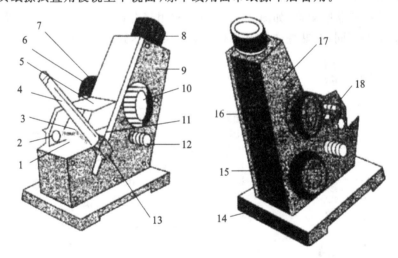

1—反射镜;2—转轴;3—遮光板;4—温度计;5—进光棱镜座;6—色散调节手轮;7—色散值刻度;
8—目镜;9—盖板;10—手轮;11—折射棱镜座;12—聚光镜;13—温度计座;
14—底座;15—折射率刻度盘手轮;16—微调螺钉;17—壳体;18—恒温器接头

图 2-9 常用阿贝折光仪的结构

取待测样品或溶液 1 滴,均匀滴在棱镜表面上,注意滴管不要接触镜面。关紧直角棱镜,调好底部反光镜使光线进入光路。先轻转左面的刻度盘,在右面望远镜目镜中找到明暗分界线(若有彩色光带,调节消色散镜,使得明暗界限清晰),再转动左面刻度盘使得分界线对准交叉中心,读取标尺数字。

测试完毕,用乙醇擦拭镜面,擦干后关闭直角棱镜。

2.7　现代仪器分析方法

现代仪器分析是表征高分子材料结构和性能的重要方法。本书主要介绍常用的热分析、元素分析、光谱分析、色谱分析、质谱分析、X-射线衍射分析、电镜分析、偏光显微镜分析和力学性能分析。

一、热分析

高分子材料的热分析包括差示扫描量热分析(Differential Scanning Calorimetry,DSC)、热重分析(Thermo Gravimetric Analysis,TGA)和动态热机械分析(Dynamic Mechanical Analysis,DMA)。差示扫描量热法是在程序控温条件下,直接测量样品在升温、降温或恒温过程中所吸收或释放出的能量。如图 2-10 所示,依据差示扫描量热分析原理,给物质提供一个匀速升温、匀速降温、恒温,或以上任意组合的温度环境及恒定流量的气氛环境,并在此环境下测量样品与参比端的热流差。其主要应用在测量物质比热容、熔融焓、结晶度、聚合反应、组分分析、玻璃化转变、氧化降解、氧化稳定性、低分子结晶体纯度等参数。

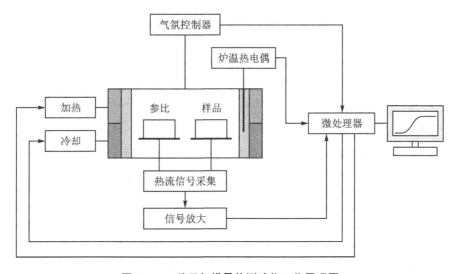

图 2-10　差示扫描量热测试仪工作原理图

随着温度升高,高分子材料发生物理变化时伴随着热流的变化,通过记录热流与温度的关系可以检测发生的物理变化(如熔化、玻璃化转变等)。对于热固性树脂,通过 DSC 可以测试得到其热固化温度区间,结合不同升温速率的多条曲线,通过 Kissinger 和 Crane 方程计算固化反应的表观活化能和反应级数。

热重分析是在程序控温下测量样品的重量随温度或时间的变化。当被测物质在加热过程中有升华、汽化、分解出气体或失去结晶水时,被测的物质质量就会发生变化,这时热重曲线就不是直线而是有所下降。通过分析热重曲线就可以知道被测物质在多少摄氏度时产生变化,并且根据失重率可以计算失去了多少物质。

高分子材料随着温度升高而发生分解、氧化、挥发等，并伴随着质量的变化，通过记录质量与温度的关系可以研究对应的温度区间、残炭率等性质。结合其他仪器分析结果推断发生质量变化的原因，对主要成分、添加剂、填料、炭黑等进行定量分析。结合不同升温速率的多条动态热失重曲线，可以通过 OZAWA 方法计算热分解动力学，包括分解活化能、分解反应级数等。通常热分析仪是将 TGA 和 DSC 功能结合在一起的，测试时能同时得到热重曲线和差热分析曲线。

动态热机械分析测量粘弹性材料的力学性能与时间、温度或频率的关系。样品受周期性（正弦）应力的作用和控制，发生形变，用于进行这种测量的仪器称为动态热机械分析仪（又称动态力学分析仪）。相比于 TMA（静态热机械分析仪），DMA 可测定粘弹性材料在不同频率、不同温度、不同载荷下的动态力学性能。DMA 曲线清楚表明高分子材料随温度升高时的各级转变如图 2-11 所示。

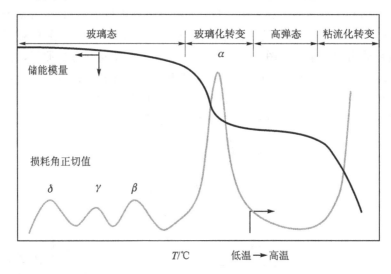

图 2-11　DMA 曲线清楚表明高分子材料随温度升高时的各级转变

DMA 主要应用于高分子材料的玻璃化转变测试、二级转变测试、频率效应和弹性体非线性特性的表征。

二、元素分析

高分子材料的定性元素分析，虽然无法对某一元素定量，但是因为其经典实用、易于观察，是培养学生操作能力和分析能力的重要内容。高分子材料中元素的定性鉴别，通常先要将高分子采用钠熔法或燃烧法分解为无机可溶性盐后进行。通常硫元素的鉴定采取亚硝酰铁氰化钠试验法；氮元素的鉴定采取普鲁士兰试验法或醋酸铜-联苯胺试验法；卤素的鉴定采取硝酸银沉淀法或铜丝绿色火焰法。另外元素的定性分析也可以借助红外光谱、X 射线光电子能谱等进行。

高分子合成后，通常都要进行定量元素分析，给出其分子组成式，并与理论结构进行对比，确定所合成的高分子是否符合设计要求。

有机元素分析仪是一种实验室常规仪器，其最基本的应用是化合物组成鉴定，常见的型号有 Perkin - Elmer CHNS/O 元素分析仪、Elementar 经典 vario 系列元素分析仪、Thermo 赛默飞世尔 FLASH 2000 CHNS/O 有机元素分析仪。有机元素分析仪上常用检测方法主要有:示差热导法、反应气相色谱法、电量法和电导法。元素分析仪作为一种实验室常规仪器,可同时对有机的固体、高挥发性和敏感性物质中 C、H、N、S 元素的含量进行定量测定,对研究有机材料及有机化合物的元素组成等方面具有重要作用。

有机元素分析仪在 CHNS 测定模式下,样品在可熔锡囊或铝囊中称量后,进入燃烧管在纯氧氛围下静态燃烧。燃烧的最后阶段再通入定量的动态氧气以保证所有的有机物和无机物都燃烧完全。如使用锡制封囊,燃烧最开始时发生的放热反应可将燃烧温度提高到 1 800 ℃,进一步确保燃烧反应完全。样品燃烧后的产物通过特定的试剂后形成 CO_2、H_2O、N_2 和氮氧化物,同时将一些干扰物质(如卤族元素、S 和 P 等)去除。随后气体进入还原管,去除过量的氧并将氮氧化物还原成 N_2,而后通过吹扫捕集吸附柱或者气相色谱柱实现气体分离,然后进入热导检测器。测定氧的方法则主要是裂解法,样品在纯氦氛围下热解后与铂碳反应生成 CO,然后通过热导池的检测,最终计算出氧的含量。

三、光谱分析

电感耦合-等离子体发射光谱法(ICP - AES)是常用的元素分析方法,适合定量分析含重元素的高分子材料(如对硅、铁、锆等元素的定量测定),但是对于轻元素(如氢、氧、碳、硼等)分辨率不好,检出限也不够。ICP - AES 根据原子由基态到激发态产生一系列特征波长来定性,然后根据谱线的强度及标准工作曲线来进行定量,具有检出限低、准确性高等特点。在高分子材料成分分析中主要对无机组分进行定量分析,在陶瓷前驱体聚合物的元素定量分析中很有用。有时候采用电感耦合-等离子体质谱也可以测定陶瓷类材料的非轻元素的含量。

分子能选择性吸收某些波长的红外线而引起分子中振动能级和转动能级的跃迁,检测红外线被吸收的情况可得到物质的红外吸收光谱,又称分子振动光谱或振转光谱。借助红外吸收带的波长位置与吸收带的强度和形状来表征分子结构(不同官能团对应的红外谱带,即化学键的特征波数,参见表 2-2),所以主要用于鉴定未知物的结构或用于化学基团及化合物的定性鉴定。红外吸收带的吸收强度与分子组成或其化学基团的含量有关,故也可用来进行半定量分析。目前红外检测主要还是用于定性分析,通常将试样的谱图与标准物的谱图或参考文献上的谱图进行对照,也可采用计算机谱库检索,通过相似度来识别。

表 2 - 2　红外光谱中化学键的特征波数

化学键	吸收波数/cm^{-1}	化学键	吸收波数/cm^{-1}
N—H	3 100～3 550	C≡N	2 100～2 400
O—H	3 000～3 750	—SCN	2 000～2 250
C—H	2 700～3 000	S—H	2 500～2 650
C=O	1 600～1 900	C=C	1 500～1 675
C—O	1 000～1 250	C≡C	2 900～3 300

通常将红外光谱分为三个区域:近红外区(0.75～2.5 μm)、中红外区(2.5～25 μm)和远

红外区(25～300 μm)。一般说来,近红外光谱是由分子的倍频、合频产生的;中红外光谱属于分子的基频振动光谱;远红外光谱则属于分子的转动光谱和某些基团的振动光谱。通常所说的红外光谱即指中红外光谱。按吸收峰的来源可以将 2.5～25 μm 的红外光谱图大体上分为特征频率区(2.5～7.7 μm)和指纹区(7.7～16.7 μm)两个区域。傅里叶变换光谱仪既可测量发射光谱,又可测量吸收或反射光谱。

红外光谱测试液体试样时直接将其涂在盐片上测试透射光谱,固体样品则磨成粉末后与溴化钾粉末混合压制成半透明的薄片测试透射光谱。反射光谱不需要特别制样,将其填充到样品槽中,压好探头即可进行测试。

核磁共振谱一般包括氢谱(^{1}HNMR)和碳谱(^{13}CNMR),即分别通过氢原子或碳原子的化学位移值、耦合常数及吸收峰的面积来确定有机化合物的结构,对于准确提供结构信息和预测未知结构都是很好的方法。核磁共振谱可以准确地提供有机化合物中氢和碳以及由它们构成的官能团、结构单元和连接方式等信息。在高分子材料成分分析中,可以通过核磁共振法对一些分离纯化之后的物质进行定性,对样品纯度要求高。对于有机硅高分子硅谱(^{29}SiNMR)是最有用的表征手段。

核磁共振谱的测定一般在室温下进行,也有进行升温试验的。测试氢谱和碳谱时,需要将样品溶解在氘代溶剂中,碳谱的浓度要尽可能大。硅谱试样不一定必须溶解在氘代溶剂中,但要加入弛豫试剂以缩短测试时间。

固体核磁碳谱或硅谱采用固体样品,在魔角旋转模式下测定谱图,一般用于已固化的热固性聚合物的结构分析或者陶瓷化样品的分析。

四、色谱分析

裂解-气相色谱-质谱法(Pyrolysis - Gas Chromatography - Mass Spectrum,Py - GC - MS)是在 GC - MS 的进样器上接一个高温裂解器,高聚物进入高温裂解器裂解成可挥发的小分子或低分子化合物,进入 GC - MS 进行分离并检测。与红外吸收光谱相比,它在分析各种形态的高分子样品,包括鉴定不熔的热固性树脂、鉴别组成相似的均聚物、区分共聚物和共混物等方面有不可替代的作用。另外也可以分析高分子材料中的一些添加剂。在实际分析过程中为了降低盲目性,需要对常见的高分子材料或者混合树脂体系的裂解谱图有所了解,才能做到事半功倍。

凝胶渗透色谱(Gel Permeation Chromatography,GPC)不仅可用于小分子物质的分离和鉴定,而且可以用来分析化学性质相同、分子体积不同的高分子同系物(借助流动相的洗脱作用,通过聚合物分子和凝胶色谱柱填料之间的不断吸附和解析,不同分子量的聚合物按分子流体力学体积大小的差异而被分离开)。当聚合物溶液流经色谱柱(凝胶颗粒)时,较大的分子(体积大于凝胶孔隙)被排除在小孔之外,只能从粒子间的间隙通过,流动速率较快;而较小的分子可以进入粒子中的小孔,通过凝胶色谱柱的速率要慢得多;中等体积的分子可以渗入较大的孔隙中,但受到较小孔隙的排阻,介于上述两种情况之间。经过一定长度的色谱柱,分子根据相对分子质量被分开,相对分子质量大的在前面(即淋洗时间短),相对分子质量小的在后面(即淋洗时间长)。自试样进柱到被淋洗出来,所接收到的淋出液总体积称为该试样的淋出体积。在仪器和实验条件确定后,样品的淋出体积与其分子量有关,分子量愈大,其淋出体积愈小。

用已知相对分子质量的单分散性标准聚合物样品预先做一条"校正曲线",即淋洗体积或淋洗时间与相对分子质量的对应关系曲线。聚合物几乎找不到单分散标准样,一般用窄分布试样代替。在相同的测试条件下,做一系列标准谱图,对应不同分子量的保留时间,以 lgM 对 t 作图,即得"校正曲线",就能从 GPC 谱图上计算所测聚合物的各种平均分子量及分子量分布参数,GPC 可以测试得到高分子的各种平均分子量:

$$
\left.
\begin{aligned}
\text{数均分子量} \qquad & \overline{M}_n = \frac{\sum N_i M_i}{\sum N_i} = \frac{\sum W_i}{\sum W_i / M_i} \\[2ex]
\text{重均分子量} \qquad & \overline{M}_w = \frac{\sum N_i M_i^2}{\sum N_i M_i} = \frac{\sum W_i M_i}{\sum W_i} \\[2ex]
\text{Z 均分子量} \qquad & \overline{M}_z = \frac{\sum W_i M_i^2}{\sum W_i M_i} \\[2ex]
\text{粘均分子量} \qquad & \overline{M}_\eta = \left(\frac{\sum N_i M_i^{1+\alpha}}{\sum N_i M_i} \right)^{\frac{1}{\alpha}}
\end{aligned}
\right\}
\qquad (2-1)
$$

五、质谱和 X 射线衍射分析

气相色谱-质谱联用法(Gas Chromotography - Mass Spectrometry,GC - MS)主要用于高分子材料中助剂的分离、定性及定量分析。一般是将高分子材料中的助剂与树脂分离后,通过气相色谱柱将不同助剂进行分离,经质谱分析后,与标准质谱图对照进行定性分析,再结合标准样品进行定量。在高分子材料成分分析中,主要用来分析一些低沸点且热稳定性好的有机添加剂。

质谱法(Mass Spectrometry,MS)是用电磁场将运动的离子(带电荷的原子、分子或分子碎片)按质荷比分离后进行检测的方法。分析这些离子可获得化合物的分子量、化学结构、裂解规律。质谱仪主要分为电子轰击质谱 EI - MS、场解吸附质谱 FD - MS、快原子轰击质谱 FAB - MS、基质辅助激光解吸附飞行时间质谱 MALDI - TOF MS、电子喷雾质谱 ESI - MS 等,能直接测高分子的是 MALDI - TOF MS 和 ESI - MS。

质谱解析步骤如下:① 确认分子离子峰,并由其求得相对分子质量、计算不饱和度;② 找出主要的离子峰,并记录质荷比(m/z 值)和相对强度;③ 对质谱中分子离子峰或其他碎片离子峰丢失的中型碎片的分析;④ 找出母离子和子离子,或用亚稳扫描技术找出亚稳离子;⑤ 配合元素分析、UV、IR、NMR 和样品理化性质提出试样的结构式;⑥ 将所推定的结构式按相应化合物裂解的规律检查各碎片离子是否符合,若没有矛盾即可确定为可能的结构式。

X 射线衍射法(X - Ray Diffraction,XRD)利用 X 射线在晶体中的衍射现象来获得衍射后 X 射线信号特征,经过处理得到衍射图谱从而分析出物相或化合物结构,是一种测定化合物相态与晶态的方法,在高分子材料成分分析中主要用来鉴定无机添加剂和结晶性高分子的结构。另外 XRD 适合晶态、微晶态或准晶态化合物的分析,不适合无定型化合物的分析。

X 射线光电子能谱法(X - ray Photoelectronic Spectroscopy,XPS)是用 X 射线作用于样品表面产生光电子,通过分析光电子的能量分布得到光电子能谱,研究样品表面组成和结构。

此方法常用来测定化合物的价态,从而得出化合物的结构。XRD无法鉴别无定型的无机化合物,XPS能够对晶态或非晶态的物质进行半定量的分析。

六、力学性能分析

高分子材料的力学性能是其作为结构材料的核心指标,包括拉伸性能、弯曲性能、剪切性能、蠕变性能、抗冲击性能和耐疲劳性能等。流变性能也可以看作力学性能的一部分,包括熔体或溶液粘度、变温流变曲线、粘度剪切力曲线等。

高分子材料力学性能是在电子万能试验机(如图2-12所示)上测试得到的。万能试验机可以进行拉伸、压缩、弯曲以及扭转等多种不同模式下的力学性能测试,常见的有杠杆摆式和油压摆式。电子万能试验机满足 GB/T 1040、GB/T 1041、GB/T 8804、GB/T 9341、GB/T 9647、GB16491、GB/T 17200、ASTM D638、ASTM D695、ASTM D790 等标准,适用于塑料、纺织品、橡胶和复合材料等材料的拉伸、压缩、弯曲、蠕变、压缩、环刚度、蠕变比率等试验。

万能材料试验机是由测量系统、驱动系统、控制系统及电脑(电脑系统型拉力试验机)等组成。操作时按照厂家所附的仪器操作规程进行,可以测试的项目包括拉伸应力、拉伸强度、扯断强度、扯断伸长率、定伸应力、定应力伸长率、定应力力值、撕裂强度、任

图2-12　电子万能试验机
(高分子材料力学性能测试)

意点力值、任意点伸长率、抽出力、粘合力、压力试验、剪切剥离力试验、弯曲试验、拔出力穿刺力试验等。分析结果常以应力-应变关系曲线和表格的形式表示。

七、电子显微镜和偏光显微镜分析

电子显微镜在材料形貌分析上的应用是建立在光学显微镜基础上的,光学显微镜分辨率一般可达 0.2 μm,而透射电子显微镜的分辨率可达 0.2 nm;而电子显微镜还可以进行微区成分分析或晶型晶相分析。电子显微镜主要包括透射电子显微镜、扫描电子显微镜、隧道扫描电子显微镜和原子力显微镜等。在高分子材料结构与形貌研究中常见的是透射电子显微镜、扫描电子显微镜和原子力显微镜(如图2-13所示)。

电子显微镜由镜筒、真空装置和电源柜三部分组成。镜筒有电子源、电子透镜、样品架、荧光屏和探测器等部件,这些部件自上而下装配成一个柱体。

透射电子显微镜(Transmission Electron Microscope,TEM)可以看到在光学显微镜下无法看清的小于 0.2 μm 的细微结构。1932 年,Ruska 发明了以电子束为光源的透射电子显微镜,电子束的波长要比可见光和紫外光短得多,电压越高波长越短。透射电子显微镜的分辨率可达 0.1 nm,放大倍数为几十万倍。

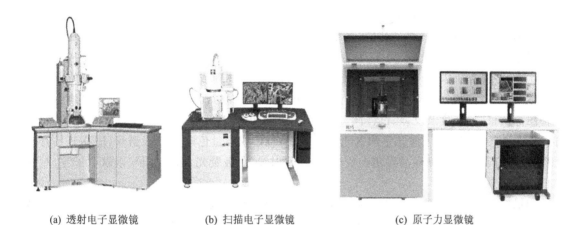

(a) 透射电子显微镜　　　　　(b) 扫描电子显微镜　　　　　(c) 原子力显微镜

图 2-13　用于高分子材料研究的透射电子显微镜、扫描电子显微镜和原子力显微镜

透射电子显微镜的工作原理如下:由电子枪发射出来的电子束在真空通道中沿着镜体光轴穿越聚光镜,汇聚成一束光斑,照射在样品室内非常薄的样品上;透过样品后的电子束携带有样品内部的结构信息,样品内致密处透过的电子量少,稀疏处透过的电子量多;经过物镜的汇聚调焦和初级放大后,电子束进入下级的中间透镜和第 1、第 2 投影镜进行放大成像、影像投射在观察室内的荧光屏上;荧光屏将电子影像转化为可见光影像。

透射电子显微镜可分为以下三种:

① 吸收像,样品上质量和厚度大的地方对电子的散射角大,通过的电子较少,像的亮度较暗。

② 衍射像,电子束被样品衍射后,衍射波振幅分布对应于样品中不同衍射能力的区域;晶体缺陷部分的衍射能力与其他区域不同,反映出晶体缺陷的分布。

③ 相位像,当样品薄至 10 nm 以下时,电子可以穿过样品,可以忽略振幅变化,成像来自于相位的变化。

因为电子易散射或被物体吸收,所以穿透力低,必须制备超薄切片,通常为 $50 \sim 100$ nm,因此用透射电子显微镜,样品需要处理得很薄,常用的方法有超薄切片法、冷冻超薄切片法、冷冻蚀刻法、冷冻断裂法等。对于液体样品,通常是放在预处理过的铜网上进行观察。

扫描电子显微镜 (Scanning Electron Microscope,SEM)用于高分辨率微区形貌分析,具有景深大、分辨率高、成像直观、立体感强、放大倍数范围宽等特点,另外具有可测样品种类丰富以及可同时获得形貌、结构、成分和结晶学信息等优点。

扫描电子显微镜电子枪发射出的电子束经过聚焦后汇聚成点光源,点光源在加速电压下形成高能电子束,高能电子束经由两个电磁透镜被聚焦成直径微小的光点,在透过最后一级带有扫描线圈的电磁透镜后,电子束以光栅状扫描的方式逐点轰击到样品表面,同时激发出不同深度的电子信号。此时,电子信号会被样品上方不同信号接收器的探头接收,通过放大器传送到显示屏形成实时成像。由入射电子轰击样品表面激发出来的电子信号有俄歇电子(Au E)、二次电子(SE)、背散射电子(BSE)、X 射线(特征 X 射线、连续 X 射线)、阴极荧光(CL)、吸收电子(AE)和透射电子。每种电子信号的用途因电子束作用在样品材料表面的深度而不同。

扫描电子显微镜分析具有许多独特的优点:① 仪器分辨率较高,通过二次电子像能够观察试样表面小至 1 nm 的细节。② 仪器放大倍数变化范围大,且能连续可调,可以根据需要选择大小不同的视场进行观察,同时在高放大倍数下也可获得一般透射电子显微镜较难达到的清晰图像。③ 观察样品的景深大、视场大,图像富有立体感,可直接观察起伏较大的粗糙表面。④ 样品制备简单,只要将块状或粉末状的样品稍加处理或不处理,就可直接放到扫描电子显微镜中进行观察,因而更接近于物质的自然状态。⑤ 可以通过电子学方法有效地控制和改善图像质量,如亮度及反差、试样倾斜角度、图像旋转、通过 Y 调制改善图像反差的宽容度。⑥ 可进行综合分析,装上波长色散 X 射线谱仪(WDX)或能量色散 X 射线谱仪(EDX),具有电子探针的功能,也能检测样品发出的反射电子、X 射线、阴极荧光、透射电子、俄歇电子等,对样品任选微区进行分析。

扫描电子显微镜主要用于观察固体表面或断面的形貌,还能与 X 射线衍射仪或电子能谱仪相结合,用于成分分析。扫描电子显微镜不需要很薄的样品,图像有很强的立体感,但样品表面必须是导电的,所以对不导电样品要进行喷金处理,喷金的厚度控制在几微米。

原子力显微镜(Atomic Force Microscope,AFM)可用来研究包括绝缘体在内的固体材料表面结构,它通过检测样品表面和微型力敏感元件之间的极微弱的原子间相互作用力来研究物质的表面结构及性质。将微悬臂一端固定,另一端的微小针尖接近样品,这时它将与样品表面有相互作用,扫描样品时,相互作用力将使得微悬臂发生形变,利用传感器检测这些变化,就可获得作用力分布信息,从而以纳米级分辨率获得表面形貌或表面粗糙度的信息。

相对于扫描电子显微镜,原子力显微镜具有许多优点:① AFM 提供真正的三维表面图。② AFM 不需要对样品进行特殊处理,如镀铜或碳。③ 原子力显微镜在常压下甚至在液体环境下都可以正常工作。原子力显微镜与扫描隧道显微镜(Scanning Tunneling Microscope)相比,能观测非导电样品,具有更广泛的适用性。原子力显微镜的缺点在于成像范围太小、速度慢、受探头的影响大。

高分子材料的微米级形貌、熔融结晶或热固化过程的研究主要用到的光学显微镜是偏光显微镜(或热台系统)。偏光显微镜(Polarizing Microscope)用于研究透明与不透明各向异性材料,凡具有双折射的物质,在偏光显微镜下就能分辨清楚。偏光显微镜及其万向载物台示意图如图 2-14 所示。

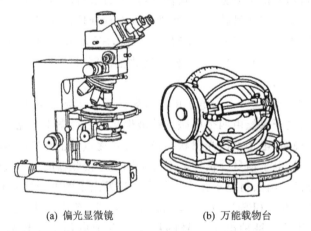

(a) 偏光显微镜   (b) 万能载物台

图 2-14 偏光显微镜及其万向载物台示意图

　　双折射性是晶体等各向异性材料的基本特性,因此偏光显微镜被广泛地应用在矿物、高分子、纤维、玻璃、半导体等领域,在生物学中也有应用。偏光数码显微镜将显微镜看到的实物图像通过数模转换使其成像在显微镜自带的屏幕上或计算机上。对于观察某些物体,偏光前的图像不太清晰,但经过偏光后的图像在视觉效果上会更加清晰。

　　有些偏光显微镜带有热台,安装在偏光显微镜的载物台上,一般用电阻丝作为加热元件,用热电偶测量样品温度,可测定矿物脱水时的温度,测定矿物晶型结构转变的温度,观察高分子材料熔化和结晶形貌的变化,或者观察热固性高分子加热硬化时的状态与颜色的变化。

第3章　高分子化学实验的基础理论知识

3.1　高分子设计与高分子化学合成

要合成什么结构的高分子,决定于材料的预期性能,目前已经发展出高分子设计的理论和方法。高分子设计根据需要合成具有预期性能的高分子材料,主要内容包括:① 研究组成、结构和性能的关系,找出定性或定量关系。高分子结构包括分子结构、大分子结构、超分子结构以及通过填充、共混、复合等材料成型方法形成的高级结构。② 按需要合成具有指定链结构的高聚物,这里的链结构包括链节元素、聚合度、支化度、交联度等。③ 研究满足加工成型要求的聚集态结构和高次结构,以及与成型条件、工艺参数的内在联系和相互关系。④ 将高分子材料学和现代信息技术相互结合,开发高分子材料分子设计软件、计算机辅助合成路线选择软件、计算机辅助专家系统以及建设高分子材料数据库等。⑤ 开发分子和原子水平的设计软件,从第一性原理出发进行高分子材料设计和材料性能预测。

计算机辅助分子设计以量子化学、合成化学、结构化学、计算化学等学科为依据,先设计出分子设计软件(可由若干种软件组成),然后上机计算出目标高分子(如高分子热固性树脂)之间的结合强度,预测其耐热性、硬度等各种特性,提出比较可行的若干方案,进而进行实验验证。如果结果不理想,还可依据实验结果再修改或重新设计方案,直到满意为止。这种方法的优点是:① 可取代经验性的试错法。传统的试错法需进行成百上千次试验,耗工费时,而采用超级计算机进行分子设计,大幅缩短了开发新材料的周期。② 可设计出目前不存在的、满足特殊使用需求的高分子材料。③ 节省大量合成实验,降低开发成本。

高分子材料合成是研究如何从单体聚合成为高分子的反应、方法和工艺。单体一般是小分子化合物,它是组成高分子的结构单元,有时也是重复单元。单体是具有双键、环体、两个或两个以上可缩合官能团的化合物。打开双键的聚合反应称为加成聚合;打开环的聚合反应称为开环聚合;通过官能团反应而形成高分子的聚合反应称为缩合聚合。通常,加成聚合与开环聚合得到的高分子结构单元与单体相同,而缩合聚合在形成高分子时生成了小分子副产物,因此得到的高分子结构单元与单体不同。高分子合成还包括高分子化学反应、接枝共聚合和嵌段共聚合。

高分子化学实验就是以高分子合成为基础,同时有一些必要的高分子物理和高分子加工成型的内容。

3.2　聚合机理和聚合方法的选择

针对一种或几种共聚单体,在很多情况下仅有一种理想的聚合机理可供高分子合成所用,但也有一些情况可供采用的聚合机理不止一种,这时就要结合聚合方法、聚合物结构及其性能要求进行最优化选择。

乙烯类单体依据其结构不同,可以选择自由基聚合、阴离子聚合、阳离子聚合、配位聚合等聚合机理。杂环单体依据环体结构的组成和大小,可以选择阴离子开环聚合、阳离子开环聚合等聚合机理。可以发生缩合反应的两种或两种以上单体(具有≥2 的官能度)选择缩合聚合机理。多异氰酸酯和多元醇/多元胺的聚合可以选择逐步加成聚合机理。

共聚合是得到理想聚合物的有效途径,自由基共聚物一般采取共混单体的无规共聚,也可以采用"可控自由基聚合"(如原子基团转移聚合)合成嵌段共聚物。活性阴离子聚合时,通过控制加料次序,合成嵌段共聚物。大单体路线是合成接枝共聚物的有效手段,但一般基于高分子的自由基接枝反应并不是规则的,得到的是接枝共聚物和均聚物的共混高分子。

高分子合成除了选择聚合机理外,还必须选择合适的聚合反应方法。聚合方法虽然主要与聚合反应工程相关,但也与聚合机理有直接的关系。

聚合方法一般指本体聚合、溶液聚合、悬浮聚合和乳液聚合。自由基聚合可以依据目标高分子的要求选用以上四种聚合方法之一。离子聚合(含配位聚合)因为中间体的高活性,一般选用溶液聚合和本体聚合。缩合聚合则有本体聚合(熔融缩聚、界面缩聚和固相聚合)、溶液缩聚等。依据单体和聚合物在本体或溶液中的溶解性不同,又可细分为均相聚合和沉淀聚合。表 3 - 1 所列为各种聚合方法的比较。

表 3 - 1　各种聚合方法的比较

聚合方法	本体聚合	溶液聚合	悬浮聚合	乳液聚合
配方主要成分	单体、引发剂	单体、引发剂、溶剂	单体、水、油溶性引发剂、分散剂	单体、水、水溶性引发剂、乳化剂
聚合场所	单体内	溶液内	液滴内	胶束内
聚合机理特点	提高聚合速率会使聚合度下降	向溶剂链转移,会使聚合速率和聚合度均下降	与本体聚合类似,提高聚合速率会使聚合度下降	聚合速率和聚合度同时提高
反应特征	不易散热;后期搅拌困难	易散热;可连续化;难制成粉状料;生产效率低	易散热;间歇生产;生产效率不高	易散热;可连续化;制粉状料需要破乳
聚合物特征	纯净;分子量分布宽	直接使用,如纺丝液、胶粘剂	含有少量分散剂	含有乳化剂;可直接用作涂料和胶粘剂

聚合机理相同而聚合方法不同时,所合成高分子的链结构、分子量及其分布、性能都有较为明显的差异。如自由基聚合合成聚苯乙烯,注塑成型用聚苯乙烯采用本体聚合,可发性聚苯乙烯采用悬浮聚合,高抗冲性聚苯乙烯采用溶液聚合,水性涂料则采用乳液聚合。

3.3　本体聚合及其合成工艺

本体聚合法是单体在引发剂或热、光、辐射的作用下,不加其他介质进行的聚合方法。本体聚合所得高分子材料产品纯净,不需要复杂的分离和提纯,生产设备利用率高;缺点是物料粘度随着聚合进行而不断增加,混合和传热变得困难,后续质量控制较难。

液态、气态、固态单体都可以进行本体聚合,大多应用于制造透明性好的高分子材料(如光纤级有机玻璃）。由于混合和传热困难，自由基本体聚合不如悬浮聚合、溶液聚合和乳液聚合应用广泛；离子聚合常采用本体聚合和溶液聚合。

针对本体聚合法聚合热难以有效散失的问题，工业生产上多采用两段聚合工艺。第一阶段为预聚合，可在较低温度下进行，转化率控制在 $10\% \sim 30\%$，在出现自加速现象（凝胶效应）以前，体系粘度较低，散热容易，聚合可以在较大的釜内进行。第二阶段在薄层或板状反应器中进行，或者直接浇铸后缓慢升温，提高转化率并定型。图 3-1 所示为典型的自由基本体聚合的工艺流程。

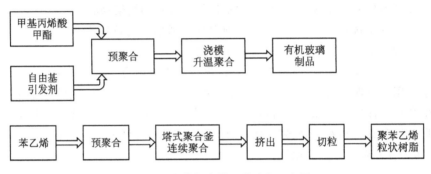

图 3-1　本体聚合的工艺流程示意图

本体聚合的后处理主要是排除残存在聚合物中的单体。常采用的方法是将熔融的聚合物在真空中脱除单体和易挥发低聚物，所用设备为螺杆或真空脱气机，也有用泡沫脱气法，将聚合物在压力下加热使之熔融，然后突然减压使单体挥发。如果分段聚合时直接成型纤维、薄板等，则可以边聚合边脱挥。

3.4　溶液聚合及其合成工艺

溶液聚合是单体和引发剂或催化剂在溶液中进行的聚合过程。溶剂一般为有机溶剂，对于水溶性单体也可以用水作溶剂。如果形成的聚合物溶于溶剂，则聚合反应为均相溶液聚合；如果形成的聚合物不溶于溶剂，则聚合反应为沉淀聚合或淤浆聚合。在工业上溶液聚合适用于直接使用聚合物溶液的场合，如涂料、胶粘剂、化纤纺丝液等。

自由基溶液聚合体系由单体、油溶性引发剂和有机溶剂组成（或者水溶性单体、水溶性引发剂和水）。引发剂不是一次加入的，而是在反应过程中分批次加入的，以便控制聚合反应速率保持均匀。

➤ 溶液聚合的优点：聚合热易扩散，反应温度易控制；可以溶液形式直接使用（如纺丝液）；反应后低分子物易通过真空蒸馏除去；消除了自动加速现象。

➤ 溶液聚合的缺点：聚合速率慢；分子量较低（向溶剂的链转移所致）；消耗溶剂，设备生产效率低，成本增加；溶剂的挥发散失对环境有污染。

常用的有机溶剂有醇、酯、酮和甲苯等，此外脂肪烃、卤代烃、石油醚、四氢呋喃等也有应用。选择溶剂要考虑溶剂对聚合活性的影响、对聚合物溶解性以及凝胶效应等因素。

溶液聚合的反应温度一般在溶剂的回流温度左右，所以大多选用低沸点溶剂。为了便于控制聚合反应温度，溶液聚合通常在釜式反应器中半连续操作。直接作为产品使用的聚合物溶液,在结束反应前应尽量减少单体含量,采用化学方法或蒸馏方法将残留单体除去。要得到固体物料须经过后处理,即采用蒸发、脱挥、干燥等工序脱除溶剂与未反应单体(具体工艺流程参见图 3-2)。

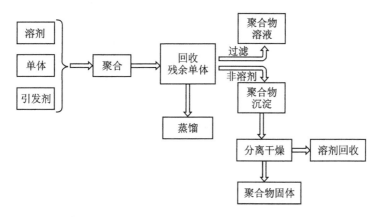

图 3-2　典型的溶液聚合工艺流程

3.5　悬浮聚合及其合成工艺

　　悬浮聚合是单体以微小液滴悬浮在水中、聚合反应发生在微小单体液滴中的聚合方式。单体中溶有油溶性引发剂,一个小液滴就相当于本体聚合的一个小单元。从单体液滴转变为聚合物固体粒子,中间经过聚合物-单体粘性粒子阶段;为了防止粒子相互粘结在一起,体系中须加有分散剂(明胶等有机大分子或碳酸钙等无机分散剂),在粒子表面形成保护膜。悬浮聚合的反应机理与本体聚合相同,也有均相聚合和沉淀聚合之分。悬浮聚合物的粒径约为 0.05~2 mm,主要受搅拌和分散控制。悬浮聚合虽然仍然有自动加速现象,但整个体系处在良好搅拌且体系粘度较低、散热容易的状态,所以聚合过程容易控制。聚合过程主要包括液滴形成与聚合物颗粒形成两个步骤。

　　悬浮聚合法的典型生产工艺过程如下:将单体、水、引发剂、分散剂等加入反应釜中,在一定温度下进行聚合反应,反应结束后回收未反应单体,离心脱水,干燥得产品。悬浮聚合所使用的单体或共聚单体应为液体,引发剂用量为单体量的 0.1%~1%。去离子水、分散剂、助分散剂、pH 调节剂等组成水相,水相与单体比例一般控制在 1:1~3:1。自由基悬浮聚合过程大多采用间歇法操作,悬浮聚合的工艺流程示意图如图 3-3 所示。

　　悬浮聚合目前大多为自由基聚合,在工业上应用很广。如聚氯乙烯大约有 75% 是采用悬浮聚合生产,聚苯乙烯也主要采用悬浮聚合;还有部分聚醋酸乙烯、聚丙烯酸酯类、氟树脂等也采用悬浮法生产。

　　微悬浮聚合是悬浮聚合的一种。传统悬浮聚合单体液滴直径一般为 50~2 000 μm,产物粒径与液滴粒径相当。在微悬浮聚合中,单体液滴及产物粒径直径一般为 0.2~2 μm。微悬浮聚合中的引发和聚合均在微液滴内进行,与传统悬浮聚合相近,但产物粒径更接近乳液聚合。微悬浮聚合中的分散剂是由乳化剂和分散助剂组成。不论采用油溶性还是水溶性引发剂,聚合的引发和进行都是在微液滴内,有别于乳液聚合的胶束内成核与聚合,但微悬浮聚合

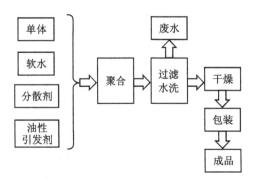

图 3-3　悬浮聚合的工艺流程示意图

的产物粒径更接近传统的乳液聚合。

微悬浮聚合体系通常以水为分散介质,分散剂为乳化剂 E 和助分散剂 Z。乳化剂可以是十二烷基硫酸钠等阴离子型,也可以是十六烷基三甲基溴化铵等阳离子型,还可以是聚乙烯醇等非离子型。助分散剂(难溶助剂)可采用长链的脂肪醇或烷烃,最常用十六醇或十六烷烃。微悬浮聚合的单体在水中溶解度较小(如苯乙烯、氯乙烯等)。微悬浮法已在工业上用来制备聚氯乙烯糊。

3.6　乳液聚合及其合成工艺

乳液聚合中,单体借助乳化剂使其分散在水中形成乳状液,再加入引发剂引发单体聚合形成较为粘稠的含大量热力学稳定乳胶粒的聚合物乳液。乳液聚合的优点包括:① 聚合速度快,产品分子量高;② 用水作介质,有利于传热控温,没有本体聚合中的凝胶效应;③ 聚合后期即使转化率很高,体系粘度仍很低;④ 胶乳体系稳定,可以直接用作最终产品。乳液聚合的缺点包括:① 聚合物分离析出过程繁杂,需加入破乳剂;② 反应器壁及管道容易挂胶和堵塞;③ 助剂品种多,用量大,产品中残留杂质多,影响产品的性能。

乳液聚合体系包括水、乳化剂(亲水亲油平衡值 HLB 值 8~16 为宜,如十二烷基苯磺酸钠、油酸钾,多与聚乙烯醇非离子型乳化剂配合)、单体(在水中溶解度较小,若水溶性大则应采用反相乳液聚合)、引发剂(水溶性引发剂,包括适合室温聚合的氧化还原型引发剂)。乳化剂用量约为单体的 1%~3%,水的用量约为单体的 1.5~2.5 倍,引发剂约为单体量的 0.3%~0.5%,在工业生产中配方要复杂得多。

传统乳液聚合以水为反应介质,采用过硫酸盐为单一引发剂时,聚合温度约为 50~60 ℃,若采用过硫酸盐-硫酸亚铁引发剂,可在 5 ℃ 的低温下聚合。

聚合过程主要有增速期、恒速期和减速期三个阶段,分别对应聚合过程中乳胶粒不断形成、乳胶粒数目稳定而液滴减小、液滴消失三个过程(如表 3-2 所列)。胶束成核机理使得乳液聚合既有较快的聚合速率又能实现较高聚合度。乳化剂用量约为单体的百分之几,如果用量很大,就是微乳液聚合,得到粒径可达纳米级的半透明蓝色乳液。乳液聚合的机理和产物特性相比其他聚合方法有独特之处:聚合速率和分子量可以同时提高;乳胶粒约为 0.05~0.15 μm,远小于单体液滴(1~10 μm);与微悬浮聚合物配合得到高固含、低粘度的树脂糊。

表 3 - 2　乳液聚合的三个阶段及其特征

阶　段	第一阶段	第二阶段	第三阶段
	增速期	恒速期	减速期
单体液滴	液滴数不变,$10^{10}\sim10^{12}$ 个/mL 液滴直径约$>1\ \mu m$	液滴数减少,逐渐到 0 液滴直径减小,逐渐到 0	0
胶束	数目逐渐减少到 0 增溶胶束,增加到 $6\sim10$ nm	0	0
乳胶粒	胶粒数从 0 到 $10^{13}\sim10^{15}$ 个/mL 部分胶束转变为乳胶粒	胶粒数恒定,$10^{13}\sim10^{15}$ 个/mL 胶粒长大,10 nm→100 nm	胶粒数恒定 体积变化小 胶粒内单体浓度减小

与悬浮聚合不同,乳液体系比较稳定,工业上有间歇式、半间歇式和连续式生产,用管道输送或贮存时不搅拌也不会分层。生产中还可用"种子聚合"、补加单体或调节剂的方法控制聚合速度、分子量和胶粒的粒径大小。乳液聚合的工艺流程示意图如图 3 - 4 所示。

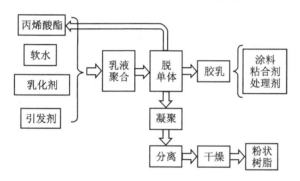

图 3 - 4　乳液聚合的工艺流程示意图

3.7　活性聚合及其合成工艺

活性聚合是无链终止和链转移反应的聚合反应,活性中心浓度保持恒定、分子量均匀。活性聚合(living polymerization)的概念是 Szwarc 在 1956 年提出的,即无终止、无转移、引发速率远大于增长速率的聚合反应。由于没有链转移,聚合过程中聚合物链的数目保持恒定;没有链终止,聚合反应停止时,聚合物链仍然保持进一步聚合的活性;因为增长速率大于引发速率,聚合物分子量分布均匀,为单分散。

活性聚合的典型代表是阴离子聚合。阴离子聚合由链引发和链增长组成。如果聚合体系纯净、无质子性化合物,阴离子聚合无终止、无链转移,表现为活性聚合特性。在活性聚合中,链引发、链增长开始后,只要有新单体加入,聚合链就将不断增长,分子量随时间呈线性增加,直到转化率达 100%,加入终止剂后(例如醇、酸和水等质子性化合物),才终止反应。这类聚合物的分子量可用单体量除以引发剂量直接计算,且分子量分布很窄,接近单分散。

以三氟磺酸萘引发四氢呋喃的阳离子聚合也是活性聚合,但是阳离子聚合很难实现理想的活性聚合(链增长与链引发一样快速、易于向溶剂和单体的链转移、易于向反离子等转移终止）。为了降低阳离子活性和有效控制链转移、提高活性聚合特征,可以采取弱化阳离子引发剂的方法,比如利用 HI - I$_2$ 为引发剂,通过 I$_3^{-1}$ 对于碳阳离子适当的亲和性达到有效降低 C$^+$ 活性,从而达到活性聚合目的。

用卤代烷/氯化亚铜/联吡啶体系引发的甲基丙烯酸甲酯的原子转移自由基聚合(ATRP)也具有活性聚合的特征。ATRP 聚合是很有用的"可控自由基聚合",接近活性聚合,广泛用来合成嵌段共聚物。ATRP 聚合由单体、活泼卤代烃引发剂(如 α-卤代苯、α-卤代酮、α-卤代腈,提供初始自由基)、氯化亚铜催化剂(也可以是亚铁盐)、双吡啶配体(提高催化剂溶解度)和溶剂等组分构成。ATRP 法的聚合机理有点类似可逆的氧化-还原反应,伴随着单体不断插入。

TEMPO 法、Iniferter 法和 RAFT 法也是常见的可控自由基聚合。但 ATRP 法在合成嵌段共聚物上有更广泛的用途。今后可控自由基聚合的发展方向是开发新的引发体系、拓宽单体适用种类、合成结构更清晰的新共聚物、缩短工业化进程。

阴离子或阳离子活性聚合时,单体、溶剂和玻璃器皿必须充分除水。自由基可控聚合的要求稍低一些,这也使自由基可控聚合得以广泛应用。

3.8 溶液缩聚和熔融缩聚

溶液缩聚适合不溶的或易分解单体的缩合聚合,根据反应温度可分为高温溶液缩聚和低温溶液缩聚。按缩聚产物在溶剂中的溶解性分为均相溶液缩聚和沉淀溶液缩聚。溶剂能够降低反应温度、稳定反应条件,有利于热交换,使难溶的单体溶解,可以直接制备得到聚合物溶液。

溶液缩聚时不需高真空,如果缩聚物溶液直接使用,可以省去沉析、洗涤、干燥等工艺过程。原料配方与熔融缩聚基本相同,不同的是增加了溶剂回收工序。

溶液缩聚多采取间歇操作,脱除溶剂和低聚物挥发份的操作在同一反应釜内进行。均相溶液缩聚过程的后期通常是将溶剂蒸出后继续进行熔融缩聚,以提高分子量。在非均相溶液缩聚过程中,因生成的聚合物不溶解于溶剂而沉淀出来,故又称沉淀缩聚。其后处理只要将缩聚物过滤、干燥即可得到树脂。溶液缩聚的工艺流程示意图如图 3-5 所示。

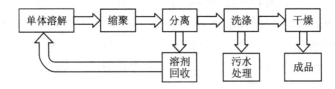

图 3-5 溶液缩聚的工艺流程示意图

熔融缩聚是原料单体和聚合物均处于熔融状态下的聚合过程。其特点是:聚合反应放热,缩聚产物的分子量逐步增长,缩聚时间很长,需要在减压和氮气保护下进行。为加快缩聚反应速度,需要高真空度,将小分子副产物脱除干净,使反应平衡向缩聚物方向进行。当缩聚反应结束,需要将产物在熔融状态下从反应器流出,经造粒或稀释成产品,例如聚酯、聚酰胺、不饱和聚酯等都是采用熔融缩聚制备的。熔融缩聚的工艺流程示意图如图 3-6 所示。

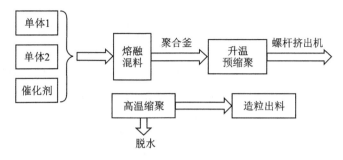

图 3 - 6　熔融缩聚的工艺流程示意图

3.9　特殊单体的浇铸成型

浇铸聚合(Cast Polymerization)是指将单体或液态预聚物浇注入模型中,在常压下借助催化剂、引发剂或加热的方法使其固化,脱模后直接得到成型制品,适用于流动性大的预聚物和聚合时体积收缩小的树脂体系,热固性塑料常用此法制成产品(如酚醛、不饱和聚酯、环氧树脂等)。热塑性塑料也可用此方法将聚合和加工成型两个步骤合二为一(如丙烯酸酯类、乙基纤维素、浇铸尼龙等)。

甲基丙烯酸甲酯进行浇铸聚合制备有机玻璃的过程分为以下 4 步:① 预聚。将各组分搅拌混合均匀,升温至 85 ℃,反应到粘度为 2 000 厘泊。② 浇模。先用碱液、酸液、蒸馏水依次清洗两块玻璃平板,烘干后,在两块玻璃中间垫上一圈包有玻璃纸的橡胶垫条(由所需成品厚度决定),用夹具夹好即成一个方形模框,把一边向上斜放,留下浇铸口,把预聚液慢慢灌入模具,注意排除气泡,最后封口。③ 聚合。把封合的模框吊入烘房或放置在水浴中,根据板厚分别控制温度在 25~52 ℃之间,慢慢硬化。④ 后聚合。升温到 100 ℃保持 2 小时,通水慢慢冷却,吊出模具,取出中间有机玻璃板材。

己内酰胺也适合于在室温冷态浇铸,经阴离子开环聚合直接净成型所需产品。

3.10　高分子的化学改性

通过化学反应可以改变高分子的主链或侧链结构,从而改变其性能。例如聚乙烯通过氯化得到氯化聚乙烯,用来代替聚氯乙烯制作薄膜时可以不用增塑剂;聚乙烯通过氯磺化得到氯磺化聚乙烯,是一种特种橡胶,可用作耐浓酸的管道和衬垫等;聚苯乙烯通过磺酸化制得阳离子交换树脂;聚乙酸乙烯酯通过水解得到聚乙烯醇,后者再通过缩醛化制得维纶纤维纺丝液。另外通过高分子化学改性可以改变聚合物的分子结构和聚集态结构,从而影响其性能。如聚苯乙烯的硬链段刚性太强,可引进聚乙烯软链段,增加韧性;尼龙、聚酯等聚合物的端基(氨基、羧基、羟基等),可用一元酸(苯甲酸或乙酸酐)、一元醇(环己醇、丁醇或苯甲醇等)进行端基封闭;由多元醇与多元酸缩聚而成的醇酸聚酯耐水性及韧性差,加入脂肪酸进行改性后可以显著提高它的耐湿性和耐水性,弹性也相应提高。

高分子化学改性包括高分子链的化学组成和官能团的转化,以及聚合度、链节序列和性能的改进。高分子化学反应具有小分子所没有的反应特性:① 高分子链上官能团反应的不均匀性,即几率效应;② 高分子与化学试剂的反应受扩散控制;③ 由于高分子链很长,在物理或化学因素作用下容易降解或异构化;④ 很多情况下聚合链上基团的转变反应存在邻基促进效应。

高分子化学反应主要包括:① 聚合度相似的转变,包括聚合物链侧基官能团的转变,类似于小分子反应,比如聚苯乙烯在侧基苯环上的氯甲基化、磺化、卤化等,聚乙酸乙烯酯水解为聚乙烯醇,聚甲基丙烯酸甲酯皂化得到聚甲基丙烯酸。② 聚合度增大的转变,包括接枝共聚(如丁基橡胶的自由基接枝共聚制备高抗冲击橡胶、基于大单体聚合制备梳状接枝共聚物)、橡胶硫化(如天然橡胶在硫作用下的热交联固化)、热固性树脂的固化过程(如酚醛树脂的热交联固化)、扩链反应(如二异氰酸酯与端羟基聚醚或端羟基聚酯的逐步加成制备聚氨酯)。③ 聚合度减小的转变,包括解聚和降解反应(比如有机玻璃加热时解聚为单体,聚丙烯加热时降解为低聚物或小分子混合物,聚酰胺水解为二酸和二胺),也包括高分子材料的燃烧,大部分高分子都是易燃或可燃的,需要外加阻燃剂提高防火耐温能力。

3.11 高分子聚合反应涉及的原材料

高分子合成中涉及的原材料有:

① 单体是最主要的原材料。单体一般是不饱和的、环状的或含有两个或多个官能团的小分子化合物。乙烯基单体通常发生加聚反应,共轭单体(苯乙烯、丁二烯)和吸电子取代基乙烯基单体(氯乙烯、乙酸乙烯酯、甲基丙烯酸甲酯、丙烯腈,不能含强吸电子取代基)等易于自由基聚合。共轭单体(苯乙烯、丁二烯、异戊二烯)和吸电子取代基乙烯基单体(甲基丙烯酸甲酯、丙烯腈、硝基乙烯)等易于进行阴离子活性聚合。共轭单体(苯乙烯、丁二烯、异戊二烯、咪唑乙烯)和给电子取代基乙烯基单体(异丁烯、烷基乙烯基醚)等易于进行阳离子聚合。苯乙烯、甲基丙烯酸甲酯、丙烯腈、丙烯/乙烯等可以进行配位阴离子聚合。三元环醚适合阴离子开环聚合,四元或五元环醚适合阳离子开环聚合,己内酰胺和环硅氧烷适合阳离子或阴离子开环聚合。

② 引发剂和催化剂。加聚反应中引发剂的选择首先要考虑聚合机理,然后考虑聚合引发活性、副反应和稳定性。逐步聚合中的催化剂要能有效催化缩聚反应的进行,提高聚合速率和聚合物产率。

常用的自由基聚合引发剂有偶氮类引发剂(偶氮二异丁腈 AIBN)、过氧化物类引发剂(过氧化苯甲酰 BPO)、氧化还原类引发剂(过硫酸铵-硫酸亚铁、过氧化苯甲酰-三乙基铝),很多时候引发剂的选择要依据其半衰期的差别采用两种搭配使用。阴离子聚合要根据单体聚合活性不同选用与之匹配的碱性引发剂,低活性的苯乙烯类单体要选用高活性的碱金属或有机锂等强碱性引发剂;甲基丙烯酸甲酯等中等活性单体要选用有机锂、格氏试剂或碱金属等高活性或中高活性的引发剂;丙烯腈等高活性单体可以选用碱金属等高活性引发剂,也可以选用格氏试剂中高活性引发剂或醇盐等中等活性引发剂;而硝基乙烯等极高活性单体用水即可引发。阳离子聚合通常是 Lewis 酸引发剂,通常加入适量的水、醇、酸等提供质子化合物或酰卤等提供碳阳离子的化合物。配位聚合主要是 Ziegler-Natta 引发剂、茂金属引发剂和有机镍等。

缩聚中的催化剂依据具体官能团反应而定,比如聚酯缩聚选用强酸催化,而聚酰胺缩聚不需要催化剂。

③ 溶剂。溶液聚合是重要的聚合方法,在高分子溶液直接使用的情况下(如涂料),更要

注意溶剂的环保性和低成本。选择溶剂时,注意不要影响聚合反应和高分子结构、不要影响引发剂或催化剂的活性。自由基聚合选择非还原性溶剂(如甲苯、乙酸乙酯、THF 等);阴离子聚合选择非质子性 Lewis 碱性溶剂;阳离子聚合选用卤代烃等溶剂;在乳液聚合时常选用水作介质。

④ 链转移剂或分子量调节剂。在自由基聚合中,链转移剂的加入对反应速度无大的影响,只是缩短了聚合物链。链转移剂可以用于控制聚合度,通常链转移剂添加量越多,聚合物的平均链长就越短,粘度也越小。溶剂也有一定的链转移能力,但一般较小。四氯化碳的链转移常数就很高(比如 60 ℃苯乙烯自由基聚合,四氯化碳的链转移常数 Cs 约为 0.09,高出一般溶剂 100 倍以上,四溴化碳更是达到了 2.2)。脂肪族硫醇具有极高的链转移能力,可以用作分子量调节剂(如 60 ℃苯乙烯自由基聚合,正丁基硫醇的链转移常数 Cs 约为 21)。

⑤ 阻聚剂。在单体提纯、存放和运输过程中,为了阻止其聚合失效,必须加入少量阻聚剂。阻聚剂其实就是链转移常数极高的链转移剂,在使用前一般采用减压蒸馏的方法除去。

⑥ 乳化剂。乳化剂是乳液聚合最重要的原材料之一。一般选用聚醚型非离子型表面活性剂,或将阴离子表面活性剂(如十二烷基磺酸钠)和非离子表面活性剂搭配使用。

⑦ 其他助剂。高分子材料的其他助剂包括增塑剂、抗氧剂、阻燃剂等。增塑剂的主要作用是削弱聚合物分子之间的次价健,增加聚合物的塑性,表现为聚合物的硬度、模量、软化温度和脆化温度下降,而伸长率、曲挠性和柔韧性提高。抗氧剂可以防止某些聚合物(如 ABS 等)的热氧化降解,使其成型加工和高温使用能顺利进行,抗氧剂的添加量一般为 $0.1\% \sim 0.5\%$。阻燃剂能提高高分子材料的极限氧指数,以添加剂的形式均匀混入高分子中,提高高分子材料的耐燃性(如塑料、橡胶、纤维等)。

3.12　高分子材料的加工成型

高分子材料加工成型以高分子流变性能为基础,在材料成型设备上加工得到具有一定形状和满足需要性能的成品。高分子成型是将各种形态(粉料、粒料、溶液)的塑料制成所需形状的制品或坯件的过程,成型的方法多达三十几种。高分子成型的选择主要决定于树脂类型(热塑性还是热固性)、起始形态以及制品外形尺寸。

加工热塑性塑料的方法有挤出、注射成型、压延、吹塑和热成型等;加工热固性塑料一般采用模压、传递模塑或注射成型,此外还有以液态单体或预聚物为原料的浇铸等成型方法。热固性高分子(如酚醛和环氧树脂)成型时在加热受压下转变成粘流态,随之流动性增大填充型腔,与此同时发生缩合反应,交联密度不断增加,流动性迅速下降,逐渐固化定型。橡胶在成型时,一般先炼胶(均匀炼入各种填料),再在硫化机上热压成型。

以高分子材料为基体制备复合材料的成型方法主要有预浸料模压法、短纤维预混料模压法、预浸料热压罐法、缠绕法、拉挤成型法等,也有基于整体预制体的树脂转移模塑法(RTM)、真空注塑法等。对于可以室温固化的不饱和聚酯为基体的复合材料,可以手糊成型、喷射成型。

3.13　高分子材料的性能与应用

存在于自然界中的高分子化合物称为天然高分子,如淀粉、纤维素、蛋白质、核酸都是天然高分子。用化学方法合成的高分子称为合成高分子,如聚乙烯、聚氯乙烯、聚丙烯腈、聚酰胺等。

含有重键的单体分子(如乙烯、氯乙烯、苯乙烯等),它们通过加成聚合得到聚合物。加聚反应后除了生成聚合物外,再没有任何其他副产物生成。在工业上利用加成聚合反应生产的合成高分子约占合成高分子总量的 80%,最重要的有聚乙烯、聚氯乙烯、聚丙烯和聚苯乙烯等。将两种或两种以上不同的单体进行聚合的高分子中含有两种或两种以上结构单元,叫作共聚物,如将丙烯腈(A)、丁二烯(B)和苯乙烯(S)进行共聚合制得的 ABS 树脂。通过分子间官能团的缩合反应把单体分子聚合起来,同时生成水、醇、氨等小分子,称为缩合聚合。常见的聚酰胺(尼龙)、聚酯(涤纶)、环氧树脂、酚醛树脂、有机硅树脂、聚碳酸酯等,都是通过缩合聚合生产的。表 3-3 是常见合成高分子的商品名,广泛应用到生产生活的方方面面。

表 3-3　常见高分子的商品名称

聚合物	商品名称	聚合物	商品名称
聚氯乙烯	氯纶	聚酰胺	尼龙 66
聚醋酸乙烯酯	维尼纶	聚己内酰胺	尼龙 6
聚丙烯	丙纶	聚甲基丙烯酸甲酯	有机玻璃
聚乙烯	乙纶	聚对苯二甲酸乙二酯	涤纶
聚丙烯腈	腈纶	酚醛树脂	电木
聚四氟乙烯	氟纶	脲醛树脂	电玉

合成高分子材料主要是指塑料、合成橡胶和合成纤维三大合成材料,此外还包括胶粘剂、涂料以及各种功能性高分子材料。合成高分子材料具有天然高分子材料更为优越的性能,比如较小的密度、较高的力学性能、耐磨性、耐腐蚀性等。

高分子材料按应用分类,分为橡胶、纤维、塑料、高分子胶粘剂、高分子涂料和高分子基复合材料等。

橡胶是一类线型柔性高分子,在外力作用下可产生较大形变,有天然橡胶和合成橡胶两种。

纤维以合成高分子为原料,经过纺丝和后处理制得。纤维的次价力大、形变能力小、模量高,一般为结晶聚合物。

塑料是以合成树脂或化学改性的天然高分子为主要成分,再加入填料、增塑剂和其他添加剂制得,按用途分为通用塑料和工程塑料。

高分子胶粘剂主要是合成高分子的溶液或乳液。高分子涂料是以聚合物为主要成膜物质,添加溶剂和各种添加剂制得。根据成膜物质不同,分为油脂涂料、天然树脂涂料和合成树脂涂料。

高分子基复合材料是以高分子为基体,采取无机纤维增强的复合材料。功能高分子材料具有物质、能量和信息的转换、传递和储存等特殊功能。如高分子信息转换材料、高分子透明材料、高分子模拟酶、生物降解高分子材料、高分子形状记忆材料和医用/药用高分子材料等。

第4章 高分子化学基本实验

基本实验1 乙酸乙烯酯的乳液聚合和涂料应用

一、实验目的

1. 掌握实验室制备聚乙酸乙烯酯胶乳的合成方法。
2. 了解乳液聚合的配方和用量,以及乳液聚合中各组分的作用。
3. 参照实验现象对乳液聚合各个过程的特点进行分析对比。

二、实验原理

单体在水相介质中,由乳化剂分散成乳液状态进行的聚合称乳液聚合,其主要成分是单体、水、引发剂和乳化剂。引发剂常采用水溶性引发剂。乳化剂是乳液聚合的重要组分,它可以使互不相溶的油-水两相转变为相当稳定难以分层的乳浊液。乳化剂分子一般由亲水的极性基团和疏水的非极性基团构成,根据极性基团的性质可以将乳化剂分为阳离子型、阴离子型、两性和非离子型四类。

乳化剂的选择对稳定的乳液聚合十分重要,它能降低溶液表面张力,使单体容易分散成小液滴,并在乳胶粒表面形成保护层,防止乳胶粒凝聚。乙酸乙烯酯(VAc)的乳液聚合最常用的乳化剂是非离子型乳化剂聚乙烯醇(PVA)。聚乙烯醇主要起保护胶体作用,防止粒子相互合并。由于其不带电荷,对环境和介质的 pH 不敏感,形成的乳胶粒较大。而阴离子型乳化剂,如烷基磺酸钠 $RSO_3Na(R=C_{12}-C_{18})$ 或烷基苯磺酸钠 $RPhSO_3Na(R=C_7-C_{14})$,由于乳胶粒外负电荷的相互排斥作用,使乳液具有较大的稳定性,形成的乳胶粒子小,乳液粘度大。本实验将非离子型乳化剂聚乙烯醇/OP-10 和离子型乳化剂十二烷基磺酸钠按一定的比例混合使用,以提高乳化效果和乳液的稳定性。

乙酸乙烯酯胶乳广泛应用于建材、纺织、涂料等领域,主要作为粘合剂使用,既要具有较好的粘接性,而且要求粘度低,固含量高,乳液稳定。聚合反应采用过硫酸盐为引发剂,按自由基聚合的反应历程进行聚合,主要的聚合反应式如图 4-1 所示。

为使反应平稳进行,单体和引发剂均需分批加入。此外,由于乙酸乙烯酯聚合反应放热较多,反应温度上升显著,应分批加入引发剂和单体。本实验分两步加料进行反应。第一步加入少许单体、引发剂和乳化剂进行预聚合,可生成颗粒很小的乳胶粒子。第二步,继续滴加单体和引发剂,在一定的搅拌条件下使其在原来形成的乳胶粒子上继续长大。由此得到的乳胶粒子,不仅粒度较大,而且分布均匀。这样保证了胶乳在高固含量的情况下,仍具有较低的粘度。

石墨烯近年来一直受到科研界、企业界甚至各国政府的重视。由于碳原子之间化学键的特性,石墨烯极为坚韧,可塑性良好,可以弯曲到很大角度而不断裂,其弹性模量约为 1 100 GPa,

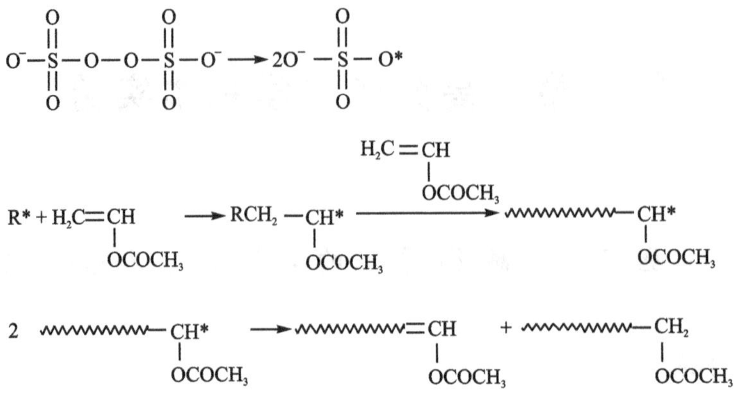

图 4-1 乙酸乙烯酯乳液聚合反应机理

断裂强度为 130 GPa,比最好的钢还要高 100 倍。石墨烯在可见光下透明但不透气,具有很好的阻隔性能,化学性质稳定,这些特征使得石墨烯很有希望应用于金属防腐涂料产品中。

氧化石墨烯很容易溶解在水中,与聚合物乳液可以很好地复配在一起,含石墨烯涂料或涂层有望提高涂层的耐久性和防腐蚀性。

三、实验试剂与仪器

(1) 主要试剂

单体:乙酸乙烯酯(聚合级,64.2 mL 或 60 g)。

乳化剂:聚乙烯醇(工业级 1788,5.0 g);十二烷基苯磺酸钠(AR,2.0 g)。

引发剂:过硫酸铵(AR),20%水溶液 5 mL。

介质:去离子水,90 g。

(2) 主要仪器

如图 4-2 所示,本实验所需器材有:250 mL 四口烧瓶一个、温度计一支、球形冷凝管一支、搅拌器一套(电磁搅拌)、100 mL 滴液漏斗一个、加热水浴一台。

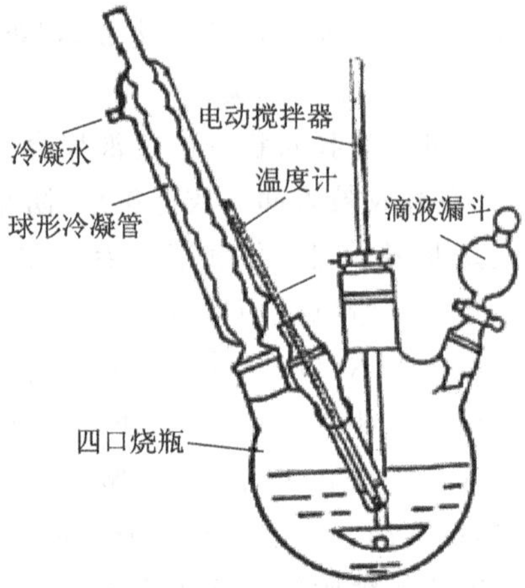

图 4-2 乳液聚合装置

四、实验步骤

(1) 聚乙酸乙烯酯乳液的制备

① 在装有搅拌器、球形冷凝管和温度计的 250 mL 四口烧瓶中,加入 90 g 去离子水、5.0 g 乳化剂聚乙烯醇(PVA)开始搅拌,并水浴加热,冷凝管通冷却水进行冷却,水浴温度控制在80 ℃左右,使 PVA 完全溶解。

② 当乳化剂 PVA 溶解后,将体系冷却至 70～75 ℃之间,依次加入 2.0 g 十二烷基苯磺酸钠、2.5 mL 过硫酸铵水溶液引发剂,然后滴加 10 g 乙酸乙烯酯单体,控制滴加时间为 10 min;反应 30 min 后观察反应液变化情况。加入另一半 2.5 mL 过硫酸铵水溶液,并开始滴加剩余 50 g 乙酸乙烯酯单体,滴加时间控制在 60 min,滴加时注意控制反应温度不超过 80 ℃。

③ 当单体加入完毕,继续反应 45～60 min。

④ 将反应体系降至室温,出料,即得到白色粘稠的、均匀而无明显粒子的聚乙酸乙烯酯胶乳。

⑤ 测试胶乳粘接纸张或木板的能力(粘接好后,放在烘箱中在 110 ℃处理 1 h,去除水分)。

⑥ 固含量的测定。将已干燥好的培养皿称重(m_0),向培养皿中加入 2.0 g 左右样品(精确至 0.000 1 g)并准确记录(m_1),在烘箱中烘烤至恒重,称量(m_2)。按下式计算固含量:

$$固含量(wt\%) = \frac{m_2 - m_0}{m_1 - m_0} \times 100\% \tag{4-1}$$

式中,m_0 为培养皿质量;m_1 为干燥前样品质量与培养皿质量之和;m_2 为干燥后样品质量与培养皿质量之和。

(2) 聚乙酸乙烯酯乳液胶粘剂的施工与性能

① 准备两片硬纸板或木板(150 mm×150 mm,木板为三合板,厚度约为 3 mm),表面用砂纸打磨平整,将乳液用毛刷刷涂在表面(用量控制在 250 g/m²),两片叠合后放在压力机上(0.5 MPa)压制 1 h。两块纸板或木板紧紧结合在一起。

② 在裁样机上按照国家标准 GB 9846.9 制作剪切试样,按照 GB 9846.2 在万能电子试验机上测试其剪切强度,注意平行测试 5 次取其平均值。

③ 在乳液中加入 1%的氧化石墨烯粉末,采用机械搅拌分散均匀,放置没有明显沉降。按照①中所述进行粘接,按照②中所述测试其剪切强度,比较加入石墨烯后有何优势。

(3) 聚乙酸乙烯酯乳液涂层的施工与性能

① 准备 5 片铁片(50 mm×10 mm×1 mm),表面用砂纸打磨去除锈迹。将乳液用毛刷刷涂在表面(用量控制在 50 g/m²),所有表面均涂装均匀。自然放置 2～3 h(或放在烘箱里在 70 ℃加热处理 30～60 min),乳液层转变为半透明的胶层。

② 采用国家标准 GB 5210—1985—T 拉开法测试涂层与铁片的附着力,平行测试 5 个位置取其平均值。

③ 在乳液中加入 1%的氧化石墨烯粉末,采用机械搅拌分散均匀,放置没有明显沉降。按照①中所述进行表面涂装施工,按照②中所述测试涂层附着力,比较石墨烯对于涂层附着力的影响。

④ 将①中所制涂层铁片和③中所制含石墨烯涂层铁片同时放入 10%硫酸溶液中 1 h,取出用清水冲洗后擦拭干净,再次检测其涂层附着力,验证石墨烯对于涂层防腐蚀性能的意义。

五、思考题

1. 在实验操作中,单体为什么要分批加入?
2. 为什么要严格控制单体滴加速度和聚合反应温度?对乳液的稳定性有何影响?
3. 影响聚乙酸乙烯酯胶乳产品质量的主要因素有哪些?
4. 石墨烯对于提高涂层的防腐蚀性有何意义?试分析其作用原理。

基本实验 2　聚乙烯醇和聚乙烯醇缩甲醛的制备

一、实验目的

1. 加深对高分子改性反应基本原理的理解。
2. 掌握聚乙烯醇和缩甲醛缩醛的制备方法。
3. 了解聚乙酸乙烯酯水解反应和聚乙烯醇缩醛化反应的影响因素。

二、基本原理

聚乙酸乙烯酯的水解可以制备聚乙烯醇,其水解有自催化效应(邻基促进效应)。在碱性条件下高分子侧基乙酸酯水解为醇羟基,从而聚醋酸乙烯酯水解为聚乙烯醇,反应如图 4-3 所示。

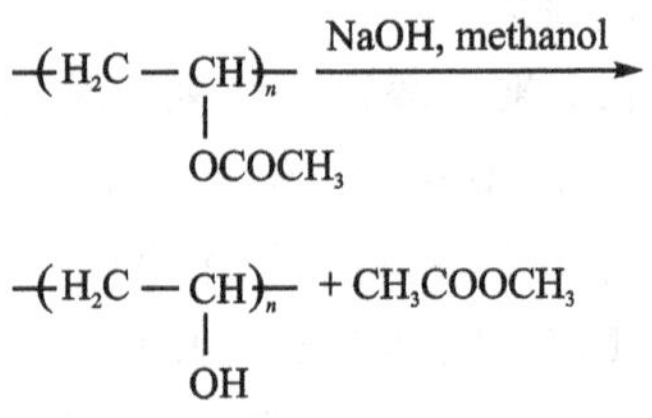

聚乙烯醇缩甲醛是由聚乙烯醇在酸性条件下与甲醛缩合而成的。其反应方程式如图 4-4 所示。

由于几率效应,聚乙烯醇中邻近羟基成环后,中间往往会夹着一些无法成环的孤立羟基,因此缩醛化反应不能完全。为了定量表示缩醛化的程度,定义已缩合的羟基量占原始羟基量的百分数为缩醛度。

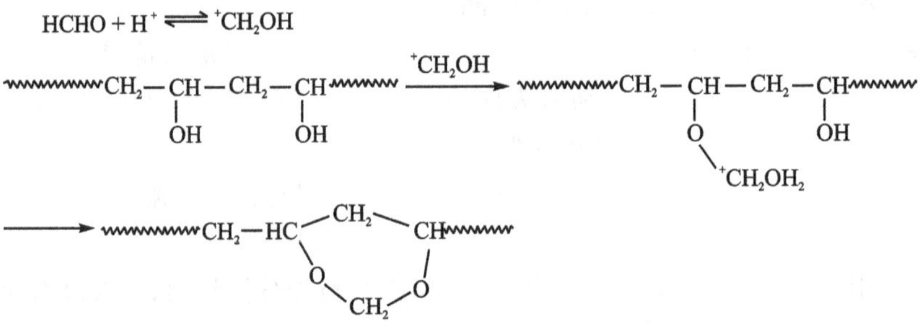

图 4-3　聚乙烯醇的水解合成

图 4-4　聚乙烯醇缩甲醛的合成

由于聚乙烯醇溶于水,而反应产物聚乙烯醇缩甲醛不溶于水,因此,随着反应的进行,最初的均相体系将逐渐变成非均相体系。本实验是合成水溶性聚乙烯醇缩甲醛胶水,实验中要控制适宜的缩醛度,使体系保持均相。若反应过于猛烈,则会造成局部高缩醛度,导致不溶性物质存在于胶水中,影响胶水的质量。因此,在反应过程中,要特别严格控制催化剂用量、反应温度、反应时间及反应物比例等。

三、实验试剂与仪器

(1) 主要试剂
聚乙酸乙烯酯乳液:基本实验 1 中制备的乳液作为原料。
聚乙烯醇:1799,工业级。
甲醛:38%水溶液。

盐酸:37%,化学纯。

NaOH:20%水溶液。

去离子水。

(2) 主要仪器

本实验所需实验器材包括 250 mL 三口瓶一只、电动搅拌器一台、温度计(0~150 ℃)一支、球形冷凝器一只、恒温水浴槽一台(自动控温)、10 mL 量筒一支、100 mL 量筒一只。

四、实验步骤

(1) 聚乙酸乙烯酯的水解

① 将 40 g 聚乙酸乙烯酯乳液加入带有回流冷凝管、温度计和磁力搅拌的 250 mL 三口烧瓶中,加热到 70 ℃;

② 滴加氢氧化钠溶液,大约需要 30 mL;

③ 观察乳液透明性的变化;

④ 实验聚乙烯醇胶水的粘接性(纸张、木板或塑料板)。

(2) 聚乙烯醇缩甲醛的制备

① 装好仪器。

② 250 mL 三口瓶中加入 90 mL 去离子水,装上搅拌器、冷凝器和温度计,开动搅拌,加入 10 g 聚乙烯醇。

③ 加热至 95 ℃,保温并计时,直至聚乙烯醇全部溶解。

④ 降温至 80 ℃,加入 4 mL 甲醛溶液,搅拌 15 min。滴加 0.25 M 稀盐酸 1 mL,控制反应体系 pH 值为 1~3。继续搅拌,反应体系逐渐变稠。

⑤ 当体系中出现气泡或有絮状物产生时,立即迅速加入 1.5 mL 10%的氢氧化钠溶液,调节 pH 值为 8~9。

⑥ 冷却,出料,得到无色透明粘稠胶水。

⑦ 试验以上胶水粘接纸张的效果,与平时用的胶水有何不同。

五、思考题

1. 由于缩醛化反应的程度较低,胶水中尚有未反应的甲醛,产物往往有甲醛的刺激性气味。反应结束后胶水的 pH 值调至弱碱性有以下作用:可防止分子链间氢键含量过大,体积粘度过高;缩醛基团在碱性环境下较稳定。

2. 为什么缩醛度增加,水溶性会下降?

3. 为什么以较稀的聚乙烯醇溶液进行缩醛化?

4. 聚乙烯醇缩醛化反应中,为什么不生成分子间交联的缩醛键?

5. 聚乙烯醇缩甲醛粘合剂在冬季极易凝胶,怎样使其在低温时同样具有很好的流动性和粘合性?

基本实验 3　聚甲基丙烯酸甲酯本体聚合和流变性能

一、实验目的

1. 了解本体聚合的原理。

2. 熟悉型材有机玻璃的制备方法。

3. 掌握测定有机玻璃熔体流变性的方法。

4. 掌握通过流变性评价聚合物加工性的原理。

二、基本原理

聚甲基丙烯酸甲酯具有优良的光学性能、密度小、机械性能好、耐候性好,在航空、光学仪器、电器工业、日用品等方面有广泛的用途。为保证光学性能,聚甲基丙烯酸甲酯多采用本体聚合法合成。

甲基丙烯酸甲酯的本体聚合是按自由基聚合反应历程进行的,其活性中心为自由基。反应包括链引发、链增长和链终止,当体系中含有链转移剂时,还可发生链转移反应。

本体聚合不加其他介质,只有单体本身在引发剂或催化剂、热、光作用下进行的聚合,又称块状聚合。本体聚合合成工序简单,可直接成型制品且产物纯度高。本体聚合的不足是随聚合的进行,转化率提高,体系粘度增大,聚合热难以散出,同时长链自由基末端被包裹,扩散困难,自由基双基终止速率大大降低,致使聚合速率急剧增大而出现自动加速现象,短时间内产生更多的热量,从而引起相对分子质量分布不均,影响产品性能,更为严重的则会引起爆聚。因此甲基丙烯酸甲酯的本体聚合一般采用三段法聚合,而且反应速率的测定只能在低转化率下完成。甲基丙烯酸甲酯自由基本体聚合的反应历程如图 4-5 所示。

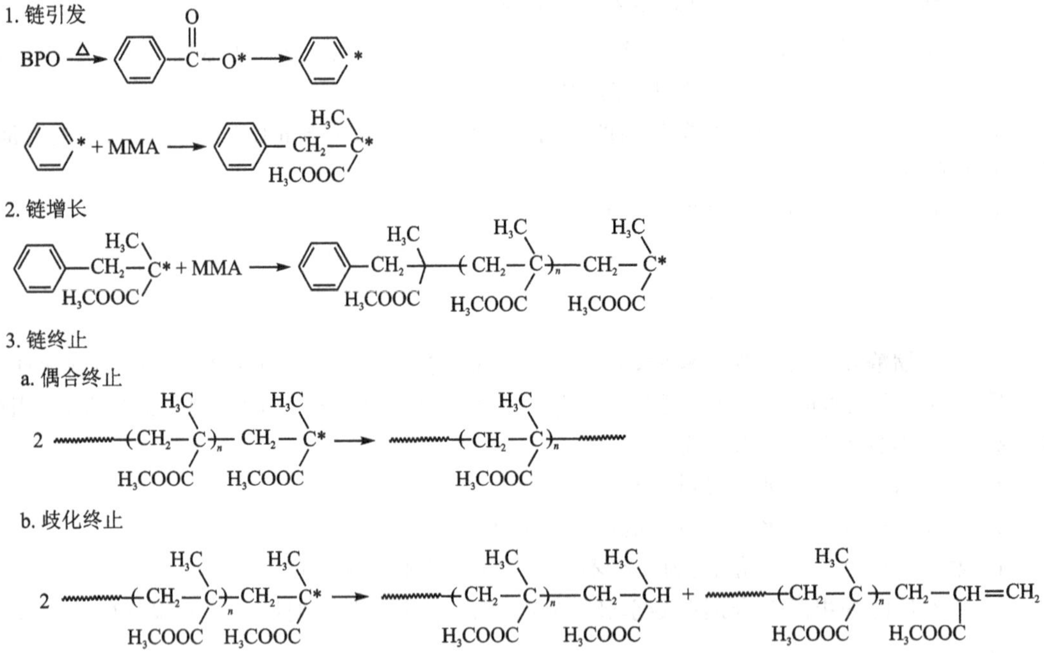

图 4-5 甲基丙烯酸甲酯自由基本体聚合的反应历程

聚甲基丙烯酸甲酯加热可以解聚为单体,原因是聚合物结构单元中的季碳原子导致聚合物热解时不能进行自由基重排形成短链降解物,只能发生拉链式解聚而脱除单体。但在有氧条件下,自由基聚合的 PMMA 的解聚方式有三种,除了链末端的双键断裂和主链上的无规则 C-C 键的断裂外,还存在侧链酯基的断裂,其主要产物为 CO_2 和 CH_3OH,这是有机玻璃容易燃烧的原因。

　　熔体的流变性是聚合物加工成型过程中的重要参数,是选择成型工艺的参考依据(挤出、注塑、吹塑、纺丝等)。本实验采用毛细管粘度计来测量聚甲基丙烯酸甲酯熔体的流变性能,毛细管流变仪可绘制热塑性材料的应力应变曲线、塑化曲线,测定软化点、熔融点、流动点的温度;测定高聚物熔体的粘度及粘流活化性,还能研究熔融纺丝的工艺条件;直接观察挤出物的外形,通过改变长径比来研究熔体的弹性和不稳定性,测定聚合物的状态变化等。对聚合物流变性能的研究,不仅可为加工提供最佳的工艺条件,为塑料机械设计参数提供数据,而且可在材料选择、原料改性方面获得有关结构和分子参数等有用的数据。物料在电加热的料桶里被加热熔融,料桶的下部安装有一定规格的毛细管口模(直径范围为 0.25~2 mm,长度范围为 0.25~40 mm),温度稳定后,料杆在驱动马达的带动下以一定的速度或以一定规律变化的速度把物料从毛细管口模挤出来,在挤出的过程中,可以测量不同剪切速率下熔体的剪切粘度。另外流变性还可以通过锥板粘度计或平板粘度计来测量。

三、实验试剂与仪器

(1) 主要试剂

单体:甲基丙烯酸甲酯,含 0.01%~0.05%阻聚剂。

引发剂:偶氮二异丁腈,AR。

(2) 主要仪器

本实验所需仪器包括磁力搅拌器、250 mL 四口瓶、冷凝管、试管、恒温水浴、0~100 ℃温度计、20 mL 玻璃管。

四、实验步骤

(1) 甲基丙烯酸甲酯预聚体的制备

① 取 0.03 g 偶氮二异丁腈、30 g 甲基丙烯酸甲酯,依次投入到装有冷凝管、温度计和搅拌磁子的 250 mL 磨口四口瓶中,打开搅拌,通冷凝水。

② 水浴加热,升温至 75~80 ℃,反应 30 min 后注意观察聚合体系的粘度,当体系具有一定粘度(预聚物转化率约为 7%~10%)时,则停止加热,并将聚合液冷却至 50 ℃ 左右。

(2) 有机玻璃薄板的成型

① 将做模板的两块玻璃板洗净、干燥,橡皮条涂上聚乙烯醇糊,置于两玻璃板之间使其粘合起来,注意在一角留出灌浆口,然后用夹子在四边将模板夹紧。

② 将聚合液仔细加入玻璃夹板模具中,在 60~65 ℃ 水浴中恒温反应 2 h。

③ 将玻璃夹板模具放入烘箱中,升温至 95~100 ℃ 保持 1 h,撤除夹板,即得到透明光洁的有机玻璃薄板。

(3) 有机玻璃棒的成型

① 将 20 mL 玻璃管清洗干净,在鼓风烘箱中烘干。

② 将聚合液仔细加入玻璃管中,在 65 ℃ 水浴中恒温反应 1 h,升温至 75 ℃,恒温反应 1~2 h。

③ 放入烘箱中,升温至 90 ℃,保持 1~2 h,打破玻璃管,即得到透明光洁的有机玻璃棒。

(4) 聚甲基丙烯酸甲酯熔体的流变性

在毛细管流变仪上(温度 80～220 ℃、3 ℃/min、1 Hz),测量熔体升温过程中剪切粘度(或剪切应力)随着温度升高的行为曲线。

(5) 有机玻璃的解聚

① 将一段有机玻璃棒(约 20 g)放在单口烧瓶中,加装回流冷凝管和接氮气保护橡胶球。

② 在电热套上(智能控温,调至 330 ℃)加热烧瓶,聚甲基丙烯酸甲酯逐渐转变为无色液体,即解聚为甲基丙烯酸甲酯单体。

③ 待仅有极少量残留固体时,撤走电热套,冷却烧瓶,称量液体,计算解聚产率。

④ 同时采用热重分析仪测试聚甲基丙烯酸甲酯热解聚的温度区间和解聚率。取 5～10 mg 样品放在氧化铝坩埚中,在氮气气氛下,测试失重率随着温度升高的变化,可以观察到解聚温度和解聚率。

五、注意事项

① 为了产品脱模方便,可在玻璃板表面涂一层硅油,但量一定要少,否则会影响产品的透光度。

② 转化率超过 20% 以后,聚合速度显著加快,此时应注意控制反应条件,防止发生爆聚。

③ 在毛细管流变仪上测试聚合物熔体的流变曲线时,升温速率要控制在 3 ℃/min 以下,确保熔体粘度没有太大的滞后效应。

六、思考题

1. 本体聚合的主要优、缺点是什么? 如何克服自由基本体聚合中的"凝胶效应"?

2. 本实验的关键是预聚合,如果预聚合反应进行的不够,会给后续的型材成型带来哪些问题?

3. 为什么制备有机玻璃板引发剂一般使用 BPO 而不用 AIBN?

4. 采用毛细管流变仪测定熔体的流变行为,为什么对聚合物的加工成型具有重要参考意义?

5. 聚甲基丙烯酸甲酯为什么能解聚为单体? 聚合物解聚的基本条件是什么?

基本实验 4　苯乙烯的阴离子聚合和 PS – b – PMMA 嵌段共聚物

一、实验目的

1. 掌握苯乙烯深度除水的精制方法。

2. 掌握正丁基锂的制备和无水无氧操作技能。

3. 掌握阴离子计量聚合的实验操作。

4. 了解聚苯乙烯的良溶剂和沉淀剂,掌握沉淀分离聚合物的方法。

5. 了解和掌握凝胶渗透色谱法测定相对分子量和多分散指数的方法。

二、基本原理

阴离子聚合活性中心对于单体中的水分、氧、二氧化碳和其他质子性试剂非常敏感,在实施阴离子聚合之前需要深度除水。除水的原理和步骤参见本书附录 C（单体的精制）。

苯乙烯中乙烯基和苯环共轭，电子云松散，因而自由基聚合、阴离子聚合、阳离子聚合、配位聚合均可合成 PS。工业上通常采用自由基聚合，GPPS 和 HIPS 通常用本体聚合，EPS 通常用悬浮聚合，但自由基聚合得到的高分子材料分子量分布较宽、结晶性较低。而阴离子聚合可以得到几乎单分散的聚合物，其分子量几乎是可以按照计量聚合的，而且聚合结束后，仍然保持链活性，加入同一种单体会继续链增长，加入异种单体会继续聚合得到嵌段共聚物，而且可以制备多嵌段共聚物。这是活性阴离子聚合可以实现共聚物设计和完美合成的优势。苯乙烯活性阴离子聚合过程如图 4-6 所示。

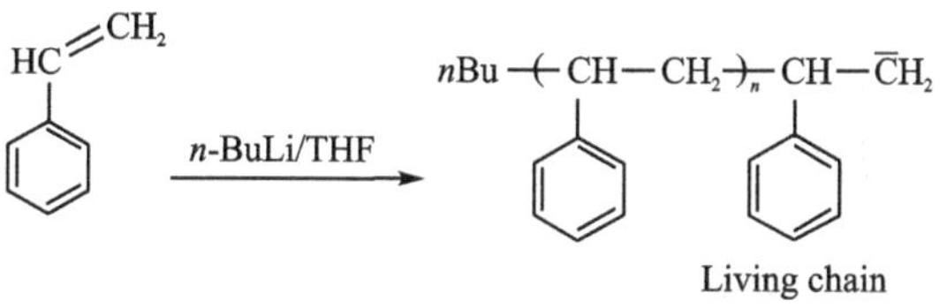

图 4-6　苯乙烯活性阴离子聚合

阴离子聚合的引发剂因单体的活性差异而不同。活性较高的单体（如丙烯腈）可以用叔丁醇钾、格氏试剂、有机锂或金属锂（萘锂）引发聚合，而且聚合温度要控制在室温甚至冷却条件，这也是阴离子聚合相比较自由基聚合（需要较高温度）的优势之一。活性中等的单体（如甲基丙烯酸甲酯）就需要格氏试剂、有机锂和碱金属等引发；而低活性的单体（如苯乙烯）只能用高活性引发剂，如碱金属和有机锂（加入少量 Lewis 碱防止有机金属化合物的缔合）。

正丁基锂是最常用的阴离子聚合引发剂，一般现用现做。如果采用非质子性溶剂（如甲苯或正己烷），则正丁基锂会因缔合而降低引发活性，可以加入少量的 Lewis 碱（四氢呋喃或三乙胺等）促使正丁基锂解缔合，若用四氢呋喃作聚合溶剂则不会存在缔合和缓聚现象。

活性阴离子聚合的相对分子量可以用单体摩尔数除以引发剂摩尔数计算，属于可计量聚合。通过对比计算分子量和实测数均分子量，可以深刻体会阴离子聚合作为活性计量聚合的本质。数均分子量及其多分散指数是用凝胶渗透色谱法测量的。

采用阴离子聚合合成嵌段共聚物时，引发剂必须能引发其中的低活性单体，同时注意加料次序（低活性单体先加、高活性单体后加），次序反了不会生成共聚物。活性阴离子聚合制备苯乙烯-b-甲基丙烯酸甲酯嵌段共聚物如图 4-7 所示。

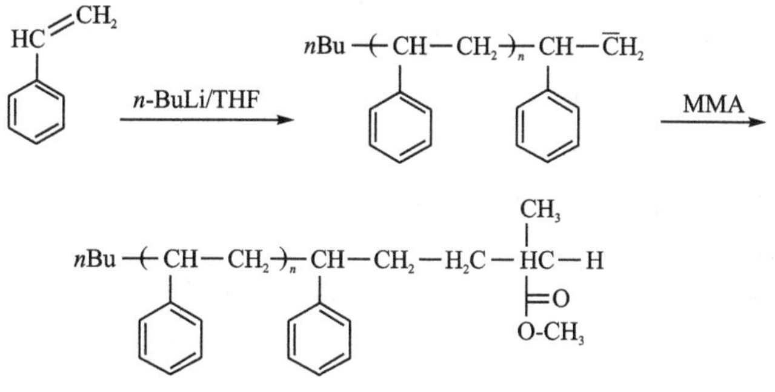

图 4-7　活性阴离子聚合制备苯乙烯-b-甲基丙烯酸甲酯嵌段共聚物

利用沉淀剂可以将聚合物从其良溶剂中沉析出来，乙醇是聚苯乙烯的不良溶剂，可以用乙醇把聚苯乙烯从四氢呋喃溶液中沉降并回收。

偏光显微镜(Polarizing Microscope)用于观察透明或不透明各向异性材料,在高分子微分相研究中占有重要地位,也可以研究结晶聚合物的熔融和结晶生长过程。凡具有双折射的物质,在偏光显微镜下就能清楚分辨。本实验利用偏光显微镜直观观察嵌段共聚物的微观分相形貌,体会各嵌段溶度参数不同时造成规则分相形貌的驱动力,体会嵌段参数不同导致微观分相形貌出现差异的现象。

三、实验试剂与仪器

(1) 主要试剂

正丁基溴、THF(深度除水)、金属锂片、苯乙烯、乙醇、酚酞、甲基丙烯酸甲酯,以上试剂均为分析纯。去离子水、1 M 盐酸,用 37% 浓盐酸配置。

(2) 主要仪器

合成用器材:250 mL 三口烧瓶、搅拌用磁子、电磁搅拌水浴、氮气橡胶球、注射器(100 mL、50 mL、10 mL)。

测试用仪器:凝胶渗透色谱仪(Waters 1515 GPC)、三目偏光显微镜(XP-300D)、毛细管流变仪(MLW-400A)。

四、实验步骤

(1) 苯乙烯的阴离子聚合

① 苯乙烯的精制:参照附录 C 进行。精制后的苯乙烯放在棕色瓶中避光冷藏,尽快用完。

② 四氢呋喃 THF 的精制:参照附录 E 进行。脱水精制后的四氢呋喃密封冷藏,尽快用完。

③ 正丁基锂的制备:正丁基锂的四氢呋喃溶液作为活性阴离子聚合的引发剂,现做现用。其制备是在如图 4-8 所示的反应瓶中进行的(有条件的可以放在手套箱中完成)。制备好的正丁基锂需要滴定其浓度,若是采购的正丁基锂试剂,可以按照其标注的浓度使用。

在反应瓶中加入 50 mL 无水 THF,小心切取锂片(金属光泽)0.77 g 加入其中,通过注射器滴加正丁基溴 13.7 g(溶解在 50 mL 无水 THF 中),维持滴加速度保持微沸。滴加完毕后,继续反应 2 h,锂片消失后得到淡黄色溶液。将正丁基锂溶液转移到棕色试剂瓶中充氮气保存备用。

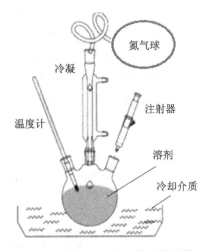

图 4-8 苯乙烯阴离子聚合的装置

采用双滴定法测定正丁基锂的浓度:取两个烘干的 50 mL 容量瓶,编号为 #1 和 #2;在用氮气排空后在 #1 瓶中加入 6 mL 四氢呋喃、2 mL 正丁基锂溶液、2 mL 二溴乙烷,摇动 5 min 使其充分反应;加去离子水 10 mL,摇动全部溶解;用标准 1 M 盐酸溶液滴定混合液中碱的含量(酚酞指示剂由无色变为粉红色),得到消耗标准酸体积 V_1;在 #2 瓶中加入 8 mL 四氢呋喃和 2 mL 正丁基锂溶液,再加入 10 mL 去离子水,摇动均匀;用标准 1 M 盐酸溶液滴定混合液中碱的含量(酚酞指示剂由无色变为粉红色),得到消耗标准酸体积 V_2。通过下式计算正丁基锂溶液的摩尔浓度:

$$c = (V_2 - V_1)/2 \qquad (4-2)$$

④ 开动冷浴,使反应瓶处于 0 ℃ 恒温浴中。在如图 4-8 所示的烧瓶中,在氮气保护下用注射器抽取 50 mL 无水 THF 通过翻口橡胶塞注入其中;用另一支注射器抽取精制苯乙烯 10.4 g 注入其中;按照正丁基锂 0.002 mol 计算需要的溶液体积,用注射器抽取后一次注入反应液中,观察颜色的变化;反应 15 min 即可停止,得到浅红色溶液。

⑤ 取 20 mL 反应液,用 100 mL 乙醇沉降,在 60 ℃ 真空烘箱中干燥后收集备用。

(2) 聚苯乙烯的流变性

在毛细管流变仪上(温度 80～220 ℃,3 ℃/min,1 Hz),测量熔体升温过程中剪切粘度(或剪切应力)随着温度升高的行为曲线。

(3) PS-b-PMMA 嵌段共聚物的合成

① 重复"苯乙烯的阴离子聚合"中的第④步,得到聚苯乙烯活性阴离子的 THF 溶液。

② 在快速搅拌下,继续向反应瓶中一次注入精制 MMA 10 g,观察实验现象。

③ 反应 20 min 后,用 5 倍反应液体积的乙醇将共聚物沉降出来。

④ 在 60 ℃ 真空烘箱中干燥后收集备用。

(4) 聚苯乙烯及其嵌段共聚物的分子量及其分布指数

在凝胶渗透色谱仪上(色谱柱温度为 40 ℃,流动相 THF 50 mL/min,标准样品单分散聚苯乙烯),测试阴离子聚合合成的聚苯乙烯的分子量和分子量多分散指数。掌握阴离子聚合分子量窄分散的原因,对比实测数均分子量和计算分子量,理解活性阴离子计量聚合。

同时测量嵌段共聚物的分子量及其分散指数,通过对比计算分子量和实测数均分子量,进一步体会活性阴离子计量聚合。

(5) 嵌段共聚物溶液微观分相形貌的观察

① 将嵌段共聚物的 THF 溶液滴在载玻片上,蒸发干溶剂,放在三目偏光显微镜下观察形貌。

② 体会各嵌段溶度参数不同时造成规则分相形貌的驱动力,体会嵌段参数不同导致微观分相形貌的差异。

五、思考题

1. 阴离子聚合的溶剂为什么必须绝对无水?聚合为什么要在隔绝空气的条件下进行?

2. 阴离子聚合的相对分子量为什么是可计量的?这体现了阴离子聚合的活性聚合特征,在计算分子量时应注意什么?分子量分散指数接近 1,造成偏离的原因有哪些?

3. 采用活性阴离子聚合合成嵌段共聚物时,两种单体的加料次序有什么要求?如何确定?

4. 嵌段共聚物与无规共聚物比较,其微观分相形貌有什么不同?对性能有哪些可以预见的影响?

基本实验5　苯乙烯的悬浮聚合

一、实验目的

1. 了解苯乙烯自由基聚合的基本原理。
2. 掌握悬浮聚合的实施方法，了解配方中各组分的作用。
3. 了解分散剂、升温速度、搅拌速度对悬浮聚合的影响。

二、基本原理

苯乙烯在水和分散剂作用下分散成液滴状，在油溶性引发剂过氧化二苯甲酰引发下进行自由基聚合，其反应历程如图4-9所示。

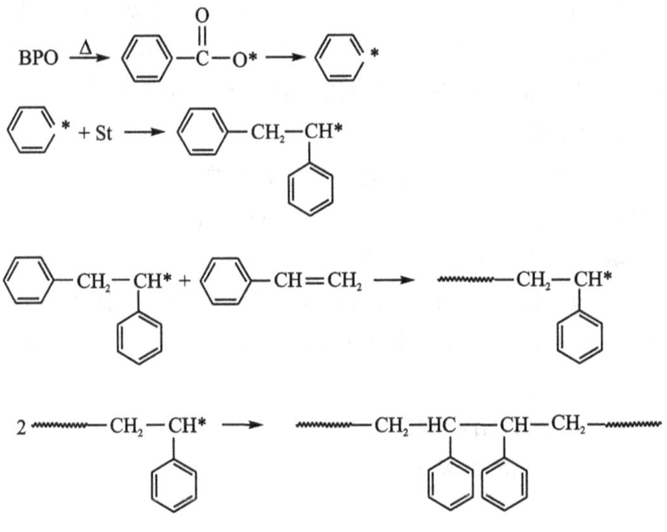

图4-9　苯乙烯的悬浮自由基聚合反应历程

悬浮聚合是由烯类单体制备高聚物的重要方法，由于水为分散介质，聚合热可以迅速排除，因而反应温度容易控制，生产工艺简单，成品呈均匀颗粒状，故又称珠状聚合，产品不经造粒可直接加工成型。

苯乙烯是一种比较活泼的自由基聚合单体。苯乙烯在水中的溶解度很小，将其倒入水中，体系分成两层，进行搅拌时，在剪切力作用下单体层分散成液滴，界面张力使液滴保持球形，而且界面张力越大，形成的液滴越大，因此在搅拌剪切力和界面张力作用下，液滴达到一定的大小和分布。而这种液滴在热力学上是不稳定的，当搅拌停止后，液滴将凝聚变大，最后与水分层，同时聚合到一定程度以后的液滴中溶有的发粘聚合物亦可使液滴相互粘接在一起。因此，悬浮聚合体系还需加入分散剂。

悬浮聚合实质上是借助于较强烈的搅拌和悬浮剂的作用将单体分散在不溶的介质（通常为水）中，单体以小液滴的形式进行本体聚合，在每一个小液滴内，单体的聚合过程与本体聚合相似，遵循自由基聚合一般机理，具有与本体聚合相同的动力学过程。由于单体被分散成细小液滴,因此悬浮聚合又有其独到之处,即散热面积大,解决了本体聚合不易散热的问题。由于分散剂的采用,最后的产物经分离纯化后可得到纯度较高的颗粒状聚合物。

三、实验试剂与仪器

(1) 主要试剂

单体:苯乙烯,除去阻聚剂,15 g(约 16.7 mL)。

油溶性引发剂:过氧化二苯甲酰,C. P.,重结晶精制,0.3 g。

分散剂:聚乙烯醇,1799,水溶液 1.5%,20 mL。

分散介质:去离子水,130 mL。

(2) 主要仪器

本实验所需仪器包括聚合装置一套(包括 250 mL 三口烧瓶一只、电动搅拌器一套、冷凝管一只、温度计一只、加热水浴装置一套,如图 4-10 所示)、表面皿、吸管、20 mL 移液管、布氏漏斗、锥形瓶。

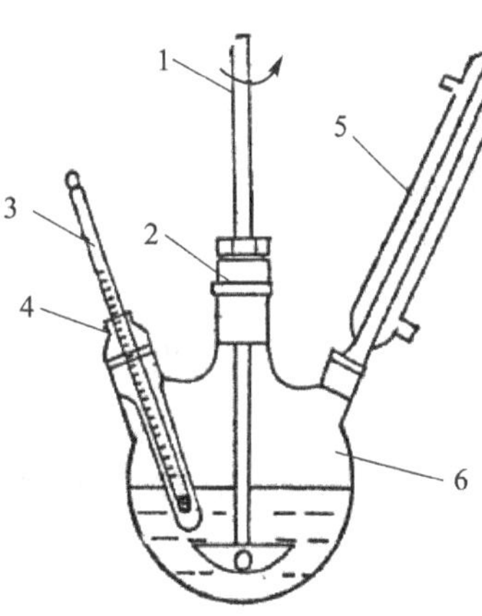

1—电动搅拌器;2—四氟搅拌封塞;3—温度计;
4—温度计套管;5—冷凝管;6—烧瓶
图 4-10　苯乙烯悬浮聚合的装置

四、实验步骤

(1) 聚合反应

① 安装好实验装置,为保证搅拌速度均匀,整套装置安装要规范,尤其是搅拌器,安装后用手转动要求转动轻松。本装置采用改变调压器电压的方式来控制电机转速和加热温度,进而控制搅拌速度和聚合温度。

② 加料。用分析天平准确称取 0.3 g 过氧化二苯甲酰放入 50 mL 锥形瓶中,再用移液管按配方量取苯乙烯,亦加入锥形瓶中,轻轻振荡,待过氧化二苯甲酰完全溶解后加入三口烧瓶。再加入 20 mL 1.5% 的聚乙烯醇溶液,最后用 130 mL 去离子水分别冲洗锥形瓶和量筒后加入三口烧瓶中。

③ 聚合。通冷凝水,启动搅拌并控制在一恒定转速,将温度升至 85~90 ℃,开始聚合反应。在反应一个多小时以后,体系中分散的颗粒变得发粘,此时一定要注意控制好搅拌速度。在反应后期可将温度升至 90~95 ℃,以加快反应,提高转化率。在反应 1.5~2 h 后,用吸管取少量颗粒,滴在表面皿中进行观察,如颗粒变硬发脆,即可结束反应。

(2) 出料及后处理

① 停止加热,搅拌下将三口烧瓶冷却至室温,然后停止搅拌,取下三口烧瓶。

② 用布氏漏斗过滤,并用热水将滤饼洗涤 3 次。

③ 最后在 50 ℃ 鼓风干燥箱中烘干,称量,计算产率。

(3) 测试聚苯乙烯的分子量及其分布指数

在凝胶渗透色谱仪上(色谱柱温度为 40 ℃,流动相 THF 50 mL/min,标准样品单分散聚苯乙烯),测试悬浮法制备的聚苯乙烯的分子量和分子量多分散指数。分析自由基聚合高分子量多分散性的原因,并与基本实验 4 的阴离子聚合合成的聚苯乙烯的分子量多分散指数进行比较,从而掌握控制高分子多分散性的合成方法。

(4) 聚合物流变性的表征

在毛细管流变仪上(温度为 80～220 ℃,3 ℃/min,1 Hz),测量熔体升温过程中剪切粘度(或剪切应力)随着温度升高的行为曲线。与基本实验 4 中单分散聚苯乙烯进行比较,体会自由基聚合产物多分散对于流变能力提高的意义,以及对于加工成型的影响。

五、思考题

1. 结合悬浮聚合的理论,说明配方中各组分的作用。要将此配方改为苯乙烯的本体或乳液聚合需做哪些改动?为什么?

2. 分散剂作用原理是什么?其用量大小对产物粒子有何影响?

3. 悬浮聚合对单体有何要求?聚合前单体应如何处理?

4. 根据实验体会,指出在悬浮聚合中应特别注意哪些问题?采取哪些措施?

基本实验 6 碱催化己内酰胺的阴离子开环聚合

一、实验目的

1. 掌握己内酰胺阴离子开环聚合的动力学特征,学会活化单体方法。
2. 掌握铸型聚合的方法。
3. 了解尼龙-6 的合成方法。

二、实验原理

己内酰胺是重要的有机化工原料之一,主要用途是通过聚合生成尼龙-6 切片(锦纶-6 切片),可进一步加工成锦纶纤维、工程塑料、塑料薄膜。聚己内酰胺为球状颗粒,溶于甲酸、苯酚、间甲酚、浓硫酸、二甲基甲酰胺等,不溶于乙醇、乙醚、丙酮、醋酸乙酯、石油醚等。

纯己内酰胺不能聚合,必须加入少量的水、酸、氨或 6-氨基己酸等物质才能聚合。工业上己内酰胺水解聚合方法一般采用间歇的高压釜法和连续聚合法,而以后者居多。树脂切片通常要经过水洗,以萃取单体和低聚物,再经真空干燥后供纺丝或注射成型用。己内酰胺的阴离子开环聚合反应如图 4-11 所示。

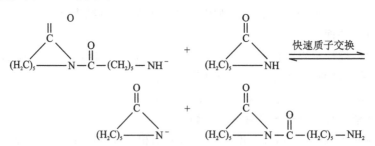

图 4-11 己内酰胺的阴离子开环聚合反应

阴离子聚合又称单体浇铸聚合,即无水的己内酰胺在碱金属、碱土金属的存在下,于220 ℃以上加热,几分钟后即能聚合成粘度极高的聚合物。

在模具内聚合成型的单体浇铸聚合,产品称为 MC 尼龙,我国称为铸型尼龙。此法由于是在常压下浇铸,工艺设备和模具简单,成型尺寸不受限制,适用于制造几公斤甚至几百公斤的大型制件。在较低温度下成型,结晶度较高,聚合物的分子量很大,机械强度高。

三、实验试剂与器材

(1)试剂:己内酰胺、氢氧化钠、二苯基甲烷二异氰酸酯 MDI。
(2)器材:锥形瓶、四氟长方形模具(100 mm×50 mm×7 mm)。

四、实验步骤

① 在 100 mL 三口瓶里加入 25 g 己内酰胺单体,加热到 105 ℃至熔化。加入 0.05 g 氢氧化钠,搅拌溶解,马上抽真空除水。
② 升高到 135 ℃,真空反应 20 min,同时在 160 ℃烘箱中预热四氟模具。
③ 将物料倒入模具中,温度维持在 160 ℃,时间为 1 h。
④ 停止加热后取出模具并脱模,即得铸型尼龙。
⑤ 拉丝实验:将聚己内酰胺加热熔融,用玻璃棒插入熔体,慢慢抽拉,可得很长的尼龙纤维。

五、思考题

1. 为什么一般用水引发己内酰胺开环聚合?
2. 为什么向己内酰胺阴离子开环聚合体系中加入少量酰基化试剂(如异氰酸酯、酰氯等)?消除诱导期的原理是什么?
3. 尼龙-6 还可以用什么聚合机理合成?与阴离子开环聚合相比,有哪些主要区别?

基本实验 7　酸催化四氢呋喃的阳离子开环聚合

一、实验目的

1. 掌握阳离子开环聚合的实施方法。
2. 加深对不同分子结构单体离子型开环聚合机理的理解。
3. 熟练无水无氧操作技能。

二、实验原理

杂环单体的杂原子 X 可以有一个或者多个,也可以是杂原子和羰基相结合的基团。不同的环状单体有环醚单体、环亚胺、环缩醛、内酯和内酰胺、环状偕亚氨醚、含磷环状单体、含硅环状单体等。含有杂原子的环状单体极性较大,易进行离子型聚合,而以阳离子聚合的单体最多,如环醚、环硫醚、环亚胺、环二硫化物、环缩甲醛、内酯、内酰胺、环亚胺醚等。用阴离子引发的开环聚合的单体则有环醚、内酯、内酰胺、环氨基甲酸酯、环脲、环硅氧烷等。

四氢呋喃的聚合活性较低,采用强碱无法引发其阴离子聚合,但用非亲核性酸或 Lewis 酸可以引发其开环聚合为聚醚。图 4-12 是四氢呋喃在五氯化锑引发下的开环聚合基元反应。

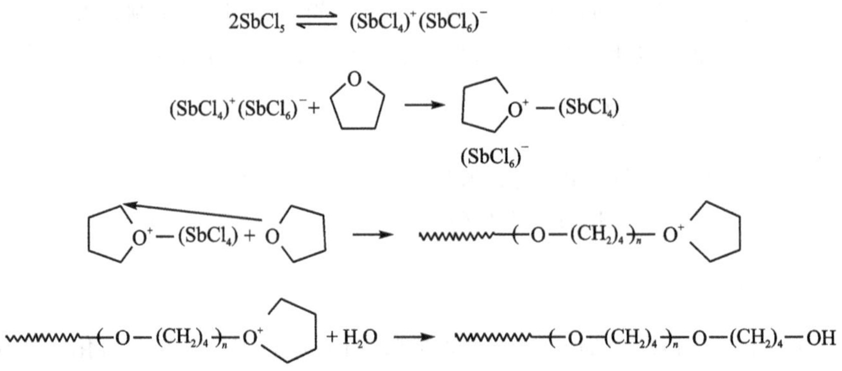

$$2SbCl_5 \rightleftharpoons (SbCl_4)^+(SbCl_6)^-$$

$$\text{~~~~} (O-(CH_2)_4)_n-O-(CH_2)_4-OH$$

图 4-12 四氢呋喃的阳离子开环聚合反应

现在发现高氯酸银-有机卤化物可以有效引发四氢呋喃开环得到高分子量聚合物,适用的活泼卤化物有氯苄、溴丙烯、甲酰氯等。

阳离子聚合的链增长速率很高,因此常在低温下进行,一是控制聚合速率,二是抑制向单体或溶剂的链转移等副反应。阳离子聚合的终止采用强亲核性碱(如苯胺、格氏试剂等)。

三、实验试剂与器材

(1) 试剂:四氢呋喃(深度除水处理)、苄基氯、高氯酸银、苯胺(终止剂)。

(2) 器材:锥形瓶 3 个(100 mL)、翻口橡胶塞、注射器(20 mL)、微量注射器(1 mL)、注射针头、低温冰箱、真空泵、真空烘箱、橡胶气球。

四、实验步骤

① 将锥形瓶洗净、干燥,然后放在干燥器中备用。

② 取出一个锥形瓶,称入 0.5 g 高氯酸银,塞上橡胶塞,再拿两个锥形瓶,塞上橡胶塞,用注射器针头通干燥氮气排除瓶中的空气。

③ 在装有高氯酸盐的锥形瓶中,在氮气流气氛下,用注射器打入 20 mL 干燥四氢呋喃,拔掉针头,用封泥密封针眼,摇匀溶解。

④ 同样在另一个锥形瓶中,在氮气流气氛下,用注射器打入 20 mL 干燥四氢呋喃,再用微量注射器打入 0.4 mL 苄基氯,用封泥密封针眼后摇匀。

⑤ 从上述两个锥形瓶各抽取 18 mL 溶液,在氮气流保护下,注入空的锥形瓶,拔出针头,用封泥密封针眼,摇动立即有氯化银产生。

⑥ 将锥形瓶放入冰箱,在零下 20 ℃放置 48 h 后取出。

⑦ 加入 3 mL 苯胺和 20 mL 四氢呋喃,摇动溶解。

⑧ 过滤除去盐,将溶液旋蒸除挥发溶剂,得到白色蜡状固体,放在真空烘箱 60 ℃烘干。

⑨ 在凝胶渗透色谱仪上测定聚四氢呋喃的相对分子量和分子量分布,试看该开环聚合是否具有活性聚合的特征。

五、思考题

1. 若将苄基氯改成溴丙烯,试计算其用量。为什么用活泼卤代烃?
2. 若希望聚四氢呋喃的端基为羟基,该如何终止聚合?
3. 阳离子开环聚合为什么低温反应?碱为什么难以引发四氢呋喃开环聚合?

基本实验 8 双酚 A 环氧树脂的制备与固化

一、目的要求

1. 了解缩合聚合的基本原理。
2. 熟悉双酚 A 型环氧树脂的实验室制法。
3. 掌握环氧树脂采用聚醚胺作为固化剂的固化方法及其固化特点。
4. 掌握环氧树脂采用热塑性酚醛树脂作为固化剂的固化方法及其固化特点。
5. 掌握环氧值的测定方法。

二、基本原理

环氧树脂是指含有环氧基的聚合物,它有多种类型。工业上考虑到原料来源和产品价格等因素,应用最广泛的环氧树脂是由环氧氯丙烷和双酚 A(4,4-二羟基二苯基丙烷)缩合而成的双酚 A 型环氧树脂。

环氧树脂具有良好的物理与化学性能,它对金属和非金属材料的表面具有优异的粘接性能。此外它的固化过程收缩小,并且耐腐蚀、介电性能好、机械强度高、对大部分碱和溶剂稳定,这些优点为它开拓了广泛的用途,目前已经成为最重要的合成树脂品种之一。

以双酚 A 和环氧氯丙烷为原料合成环氧树脂的反应机理属于逐步聚合,一般认为在氯化钠存在下不断进行开环和闭环的反应。反应方程式如图 4-13 所示。

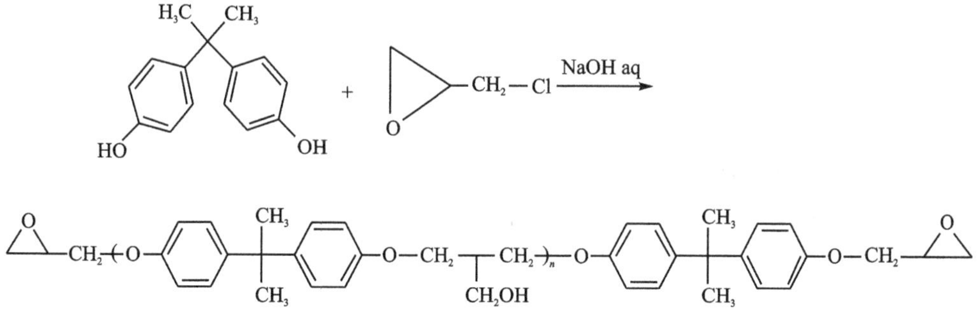

图 4-13 双酚 A 型环氧树脂的合成

线形环氧树脂外观为黄色至青铜色的粘稠液体或脆性固体,易溶于有机溶剂中,未加固化剂的环氧树脂具有热塑性,可长期存储而不变质。其主要参数是环氧值,固化剂的用量与环氧值成正比,对成品的机械加工性能影响很大,必须控制适当。环氧值是环氧树脂质量的重要指标之一,也是计算固化剂用量的依据,其定义是指 100 g 树脂中含环氧基的摩尔数。分子量越高,环氧值就相应降低,一般低分子量环氧树脂的环氧值在 0.48~0.57 之间。

环氧树脂的固化依据反应条件的不同可以选择胺类固化剂、酸酐类固化剂和酚醛类固化剂。胺类固化剂包括伯胺和仲胺,其对环氧树脂的固化作用是由氮原子上的活泼氢打开环氧基团,而使之交联固化。脂肪族多元胺(如乙二胺、己二胺、二乙烯三胺、三乙烯四胺、二乙氨基丙胺等)活性较大,能在室温使环氧树脂交联固化;而芳香族多元胺活性较低(如间苯二胺),得在 150 ℃才能固化完全。酸酐类固化剂包括二元酸及其酐如顺丁烯二酸酐、邻苯二甲酸酐,但必须在较高温度下烘烤才能固化完全。酸酐首先与环氧树脂中的羟基反应生成单酯酸,单酯中的羧基与环氧基发生加成酯化而成双酯。合成树脂类固化剂包括低分子量聚酰胺树脂,是亚油酸二聚体或桐油酸二聚体与脂肪族多元胺(如乙二胺、二乙烯三胺)反应生成的一种琥珀色粘稠状树脂。潜伏型固化剂(如双氰胺)与环氧树脂混合在一起,在常温下是稳定的,但当加热到一定温度时,才显示其活性而固化环氧树脂。若在 145~165 ℃,则能使环氧树脂在 30 分钟内固化。环氧树脂在固化剂作用下的交联固化速率可以用某一温度下的凝胶时间来表示,也可以用差示扫描量热法(DSC)测试。

环氧树脂固化物具有较高的力学性能,是应用最为广泛的高性能热固性树脂,作为复合材料基体树脂广泛应用于航空航天和民用玻璃钢材料行业。热固性树脂的耐热性能通常用动态热机械性能(DMA)和高温热分解性能(TGA)来表征,前者用玻璃化温度(T_g)来评价,而后者一般用起始分解温度(T_{onset})和残炭率(residue rate,%)来评价。在本实验中,动态力学性能以玻璃化温度的测量来表征,所用仪器为扭辫分析仪。

三、实验试剂与仪器

(1) 主要试剂

单体:双酚 A(4,4-二羟基二苯基丙烷),AR 34.2 g;

单体:环氧氯丙烷,AR 42 g;

催化剂:氢氧化钠,AR 12 g;

溶剂:苯,AR 150 g;

固化剂:聚醚胺 D400,30 g;

固化剂:热塑性酚醛树脂,20 g(分子量 600);

盐酸:AR 2 mL;

丙酮:AR 100 mL;

氢氧化钠标准溶液:AR 1 mol/L;

酚酞指示剂:AR;

乙醇溶液:CP 0.1%。

(2) 主要仪器

一个 250 mL 标准磨口三颈烧瓶、一支 300 mm 球形冷凝器、一支 300 mm 直形冷凝器、一个 60 mL 滴液漏斗、一个 250 mL 分液漏斗、2 支 200 ℃温度计、一个接液管、4 个 250 mL 具塞锥形瓶、一个 100 mL 量筒、一个 100 mL 容量瓶、两个 800 mL 烧杯、一个 50 mL 烧杯、一支 10 mL 刻度吸管、一支 15 mL 移液管、一支 50 mL 碱式滴定管、一个 100 mL 广口试剂瓶、一套电动搅拌器、一个油浴锅、鼓风干燥烘箱。

差示扫描量热分析仪(ZCT-A 型)、扭辫分析仪(NBW-500 型动态力学分析仪)。

四、实验步骤

(1) 环氧树脂的制备

① 将三颈烧瓶称重并记录。将双酚 A 4.2 g(0.15 mol)和环氧氯丙烷 42 g(0.45 mol)依次加入三颈烧瓶中,并装好仪器,如图 4-14(a)所示。用油浴加热,搅拌下升温至 70～75 ℃,使双酚 A 全部溶解。

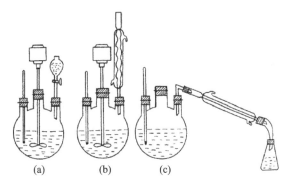

图 4-14　低分子量环氧树脂的合成装置

② 用 12 g 氢氧化钠加 30 mL 去离子水,配成碱液。用滴液漏斗向三颈烧瓶中滴加碱液,由于环氧氯丙烷开环是放热反应,所以开始滴加要控制得稍慢些,以防止反应浓度过大凝成固体而难以分散。此时反应放热,体系温度自动升高,可暂时撤去油浴,使温度控制在 75 ℃。

③ 滴加完碱液,将聚合装置改成如图 4-14(b)所示。在 75 ℃下回流 1.5 h(温度不要超过 80 ℃),体系呈乳黄色。

④ 加入去离子水 45 mL 和苯 90 mL,搅拌均匀后倒入分液漏斗中,静止片刻。待液体分层后,分去下层水层。重复加入去离子水 30 mL、苯 60 mL 剧烈摇荡,静置片刻,分去水层。用60～70 ℃温水洗涤两次,有机相转入图 4-14(c)所示的常压蒸馏装置中。

⑤ 常压下蒸馏除去未反应的环氧氯丙烷,控制蒸馏的最终温度为 120 ℃,得淡黄色粘稠树脂。

⑥ 将三颈烧瓶连同树脂称重,计算产率,将树脂倒入试剂瓶中备用。

(2) 环氧树脂的环氧值测定

① 配制盐酸-丙酮溶液:将 2 mL 浓盐酸溶于 80 mL 丙酮中,均匀混合(现配现用)。

② 配制 NaOH-C$_2$H$_5$OH 溶液:将 4 g NaOH 溶于 100 mL 乙醇中,用标准邻苯二甲酸氢钾溶液标定,酚酞作指示剂。

③ 环氧值的测定:取 125 mL 碘瓶两只,在分析天平上各称取 1 g 左右(精确到 1 mg)环氧树脂,用移液管加入 25 mL 盐酸丙酮溶液,加盖,摇匀使树脂完全溶解,放置阴凉处 1 h,加酚酞指示剂三滴,用 NaOH-C$_2$H$_5$OH 溶液滴定。同时按上述条件做两次空白滴定。

环氧值(mol/100 g 树脂)E 按下式计算:

$$E = \frac{(V_1 - V_2)N}{1\,000W} \times 100 = \frac{(V_1 - V_2)N}{10W} \tag{4-3}$$

式中,V_1 为空白滴定所消耗的 NaOH 溶液(mL),V_2 为样品测试消耗的 NaOH 溶液(mL),N 为 NaOH 溶液的体积摩尔浓度,W 为树脂质量。

分子量小于 1 500 的环氧树脂,其环氧值的测定用盐酸-丙酮法(原理如图 4-15 所示)。过量的 HCl 用标准的 $NaOH-C_2H_5OH$ 液回滴。

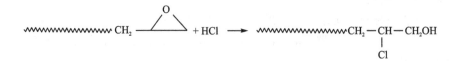

图 4-15 环氧基团与氯化氢的加成开环反应

(3) 环氧树脂在有机胺类固化剂下的热固化

① 在电子天平上称取 10 g 环氧树脂,置于铝箔叠成的盒子里。

② 再在以上盒子里称取 3 g 聚醚胺 D400。

③ 将以上盒子里的物料混匀后,置于鼓风烘箱中 150 ℃热处理 30 min。

④ 同时取 1 g 左右环氧树脂(混合固化剂后的),采用平板小刀法(在凝胶时间测定仪上)测定 150 ℃时的凝胶时间,平行测定 3 次取其平均值。

⑤ 观察环氧树脂固化后的性状。

(4) 环氧树脂在热塑性酚醛树脂固化剂下的热固化

① 在电子天平上称取 10 g 环氧树脂,置于铝箔叠成的盒子里。

② 再在以上盒子里称取 5 g 热塑性酚醛树脂(分子量约为 600)。

③ 将以上盒子里的物料混匀后,置于鼓风烘箱中 180 ℃热处理 60 min。

④ 同时取 1 g 左右环氧树脂(混合固化剂后的),采用平板小刀法(在凝胶时间测定仪上)测定 180 ℃时的凝胶时间,平行测定 3 次取其平均值。

(5) 环氧树脂不同固化剂条件下的热固化行为曲线

① 取不同固化剂的环氧树脂样品,在差示扫描量热分析仪上测试随着温度升高热效应的变化;

② 分别测试聚醚胺作为固化剂和热塑性酚醛作为固化剂的环氧树脂的 DSC 曲线;

③ 观察固化放热峰的位置(起始温度、峰值和结束温度);

④ 对比不同固化剂对固化峰的影响,掌握聚醚胺是快速低温型固化剂,而热塑性酚醛是高温型固化剂。

(6) 环氧树脂在氮气中的玻璃化温度的测量

① 本实验用环氧浸渍碳纤维丝束固化后作为测试试样,在 NBW-500 型动态力学扭辫分析仪上测试储能模量、损耗模量、损耗因子与温度的关系曲线,从而得到树脂的玻璃化转变温度。

② 用 3K 碳纤维丝束浸渍环氧的乙醇溶液(1 份环氧树脂混合 0.3 份聚醚胺,溶解在 1 份乙醇中),充分浸透后,在烘箱中热固化(150 ℃,30 min),降到室温备用。

③ 将做好的固化丝束固定在扭辫分析仪的试样架上,按照操作程序进行测试(3 ℃/min,1 Hz,RT-200 ℃)。

④ 在曲线上求出以储能模量下降温度值代表的玻璃化转变温度。

⑤ 在曲线上求出以损耗模量峰值代表的玻璃化转变温度。

五、思考题

1. 在合成环氧树脂的反应中,若 NaOH 的用量不足,将对产物有什么影响?

2. 环氧树脂的分子结构有何特点? 为什么环氧树脂具有优良的粘结性能?

3. 如何表征环氧树脂固化体系的耐热性能? 动态热机械性能和热固化性能有什么不同?

基本实验9　环氧玻璃纤维预浸布热压制备高性能复合材料

一、实验目的

1. 掌握环氧预浸料的手工制备方法。
2. 了解复合材料预浸料的质量控制方法。
3. 掌握热压法制备环氧复合材料的方法。
4. 了解复合材料耐热性能和力学性能的表征。

二、实验原理

环氧树脂复合材料可用缠绕、树脂传递模塑(Resin Transfer Molding,RTM)、拉挤和热压罐等工艺成型。环氧树脂应用广泛,可以作为复合材料基体、涂料和胶粘剂等,其应用包括航空、航天、电子等工业,如飞机的主翼、尾门、直升机旋翼片、飞行架材、发动机盖。

环氧树脂及其固化物具有以下特点:

① 形式多样。树脂(从极低的粘度到高熔点固体)、固化剂、改性剂体系几乎可以满足各种应用要求。

② 固化方便。选用各种不同的固化剂,环氧树脂体系几乎可以在 0~180 ℃温度范围内固化。

③ 粘附力强。环氧树脂分子链中固有的极性羟基和醚键的存在,使其对各种物质具有很高的粘附力。环氧树脂固化时的收缩性低,产生的内应力小,这也有助于提高粘附强度。

④ 收缩性低。环氧树脂和所用的固化剂的反应是通过直接加成反应或树脂分子中环氧基的开环聚合反应来进行的,没有水或其他挥发性副产物放出。它们和不饱和聚酯树脂、酚醛树脂相比,在固化过程中显示出很低的收缩性(小于 2%)。

⑤ 力学性能高。固化后的环氧树脂体系具有优良的力学性能。

⑥ 电性能。固化后的环氧树脂体系是一种具有高介电性能、耐表面漏电、耐电弧的优良绝缘材料。

⑦ 化学稳定性。通常,固化后的环氧树脂体系具有优良的耐碱性、耐酸性和耐溶剂性。化学稳定性也取决于所选用的树脂和固化剂,适当地选用环氧树脂和固化剂,可以使其具有特殊的化学稳定性能。

⑧ 尺寸稳定性。环氧树脂体系具有突出的尺寸稳定性和耐久性。

⑨ 耐霉菌。固化的环氧树脂体系耐大多数霉菌,可以在苛刻的热带条件下使用。

固化环氧树脂的固化剂有加成型、催化型、缩聚型和自由基引发剂型等。实际应用中主要是加成型固化剂。图 4-16 所示是聚醚胺中的伯胺和仲胺通过氢转移加成反应使环氧树脂开环固化的机理。不同固化剂的使用温度是不同的,伯胺或仲胺可以使环氧室温固化;叔胺在约 120 ℃ 中温固化环氧,而酸酐在约 180 ℃ 高温固化环氧。低聚酰胺、氰酸酯、异氰酸酯和热塑性酚醛树脂等也可作为环氧树脂的加成型固化剂。

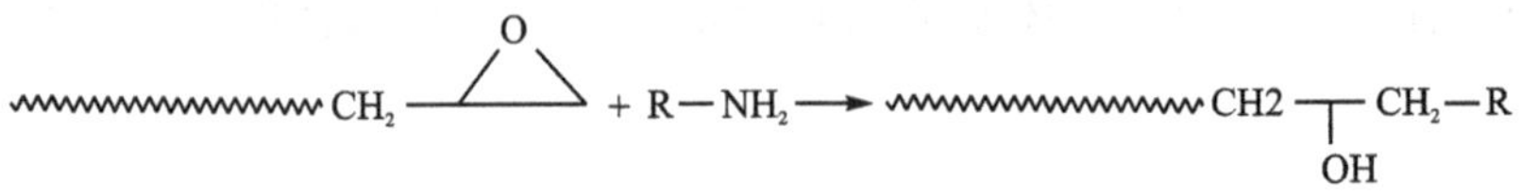

$$\text{wwww}\text{—CH}_2 \overset{O}{\triangle} + R\text{—NH}_2 \longrightarrow \text{wwww}\text{—CH}2 \underset{\underset{OH}{|}}{\text{—}} \text{CH}_2\text{—R}$$

图 4-16 胺类固化剂在环氧树脂固化中的加成开环反应

复合材料的成型要完成树脂浸渍、与纤维复合、固化和后加工过程。一般情况下,树脂基复合材料的制备和制品的成型是同时完成的,材料的制备过程也就是其制品的生产过程。在复合材料成型过程中,增强材料的形状变化不大,但基体的形状和状态有较大变化。复合材料的制备应根据制品结构和使用要求来选择成型工艺;在成型过程中,纤维预处理、纤维排布方式、成型温度和压力、成型时间等因素都影响复合材料性能。复合材料纤维与基体的界面粘接情况是决定其力学性能的关键因素,界面粘接除与纤维表面有关外,还与树脂的浸润性和流变性有关。

溶液法浸渍的主要工艺参数是胶液温度、粘度、浸渍速率、牵引张力、烘干温度和时间。溶液法预浸料生产的主要工艺过程如下:纤维以一定的速率移动,经过浸渍槽而带上一定量胶液;采用胶辊或刮刀挤出多余胶液;经过烘箱加热除去溶剂;检测含胶量和挥发份含量;覆隔离薄膜;收卷即得预浸料。

本实验在实验室内采用溶液浸胶法手工制备碳布环氧预浸料,并通过铺层和热压制备高性能环氧基复合材料。对复合材料的耐热性能和力学性能进行表征,掌握评价复合材料的技术方法。

三、实验试剂与仪器

(1) 主要试剂

环氧树脂(E51)、室温粘度约 8 000 cP、聚醚胺 D400、无水乙醇、碳纤维布(PAN 基 3K 平纹)、脱模剂。

(2) 主要仪器

毛刷、烧杯、烘箱、电子天平、凝胶时间测定仪、动态热机械分析仪(DMA)、电子万能试验机(WSM - 20KN)。

四、实验步骤

(1) 环氧碳纤维布预浸料的实验室手工制备

① 在 250 mL 烧杯里加入 30 g 环氧树脂和 30 g 无水乙醇,搅拌使其溶解,然后加入 9 g 聚醚胺 D400 并搅拌均匀。树脂的用量控制在碳布质量的 70% 左右。

② 将裁好的碳布(120 mm×120 mm,12 块,总重 60 g)一片片逐次刷胶。在光滑的玻璃板上,用毛刷蘸取环氧胶液,刷好一面,再刷另一面,注意胶用量每片约 6 g。

③ 将刷好的碳布自然晾干,不再粘手时取一小块放在 150 ℃ 烘箱中处理 30 min,称取质

量的变化,即为预浸布的挥发份含量。控制挥发份含量 3%,目的是保持预浸料的柔韧性,便于铺层。

④ 建议做好后立即使用,剩余的用塑料膜封好后放在冰箱中冷藏。

(2) 环氧碳纤维布预浸料的铺层与热压

① 按照平纹布的走向,逐层交错 45°铺层,铺层完后,放在压机上 1 MPa 预压一下再取下来。

② 合模、预热压机热板,到 120 ℃恒温保持 30 min。在此期间,测试树脂的凝胶时间。

③ 将预压复合材料置于热板之间,合模到接触压。然后等待到达凝胶时间后,开始加压 1 MPa;30 min 后加压到 4 MPa;继续升温到 150 ℃,于 4 MPa 下热压 2 h。

④ 带压冷却,至 30~40 ℃时泄压,取出复合材料层合板。

⑤ 热压合格的复合材料应该表面平整,没有缺胶或富胶的部位。在裁样机上裁切测试试样:玻璃化温度检测试样采取三点弯曲试样(长度 l 是厚度 h 的 20 倍,w 一般为 10 mm,跨厚比大于 10);力学性能检测试样采取三点弯曲试样(长度 l 是厚度 h 的 30 倍,w 一般为 10 mm,跨厚比大于 20)。

(3) 碳布增强环氧复合材料的玻璃化转变温度

① 在 DMA 动态热机械分析仪上测试储能模量、损耗模量和 $\tan\delta$ 随着温度变化的曲线 (3 ℃/min,1 Hz,RT - 300 ℃)。

② 求出基于储能模量下降温度的玻璃化转变温度和基于 $\tan\delta$ 峰值温度的玻璃化转变温度。

③ 比较两个玻璃化温度的不同,为什么前者比后者要小?

(4) 碳布增强环氧复合材料的力学性能

在电子试验机上按照国家标准 GB/T 9341—2008 测试室温的弯曲应力-应变曲线,并得到弯曲强度、弯曲模量和断裂伸长率。

五、思考题

1. 为什么环氧预浸料要保持一定的挥发份?

2. 如何确定热压工艺过程中的加压时机?

3. 实验室手工制备预浸布时,需要注意的关键点有哪些?

4. 预浸布的铺层设计一般遵守什么规则? 如何结合实际应用需求进行合理的铺层操作?

5. 层压复合材料的弯曲强度是重要的技术指标,影响因素有哪些?

6. 玻璃化温度是衡量复合材料耐热性的关键参数,在树脂基复合材料中影响玻璃化温度的因素有哪些? 如何提高环氧基复合材料的玻璃化温度?

基本实验 10　酚醛树脂的合成、固化和耐高温性能

一、实验目的

1. 了解缩聚反应的特点及反应条件对产物性能的影响。

2. 了解酸催化和碱催化酚醛树脂的特点和固化方式。

二、实验原理

酚醛树脂是最早合成的高分子化合物和用于胶粘剂工业的品种之一,一般常指由酚类化合物(苯酚、甲酚、二甲酚或间苯二酚)和醛类化合物(甲醛、乙醛、多聚甲醛、糠醛)在酸性或碱性催化剂存在下缩聚而成的树脂。它是最早合成的一类热固性树脂。

由于酚醛树脂的原料易得、价格低廉,生产工艺和设备简单,而且产品具有优良的机械性、耐热性、耐寒性、电绝缘性、尺寸稳定性、成型加工性、阻燃性及低烟雾性,因此酚醛树脂广泛用于木材工业的胶合板、人造纤维板、密度板等加工及制造玻璃纤维增强塑料、碳纤维增强塑料等复合材料。

本实验分别在酸性催化剂和碱性催化剂条件下,使甲醛与苯酚缩聚而得到热塑性和热固性酚醛树脂,其中酸催化缩聚反应会逐步生成线型大分子,反应过程如图 4-17 所示。

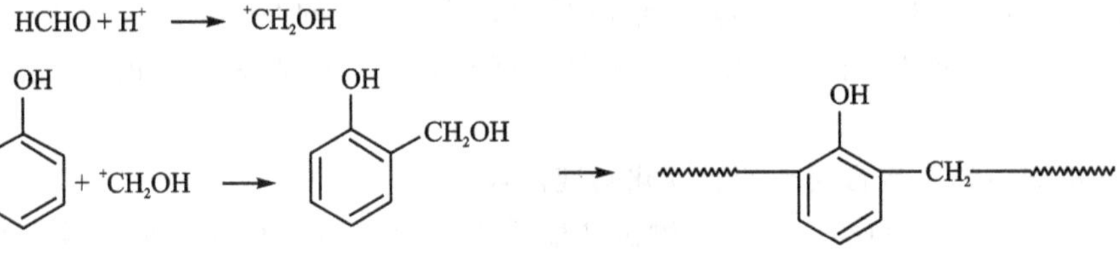

图 4-17 酸催化合成线型酚醛树脂

线型酚醛树脂分子量在 1 000 以下,聚合度约为 4~10。

分析甲醛含量的方法是根据甲醛与亚硫酸钠作用生成氢氧化钠的量来计算甲醛含量,其反应如图 4-18 所示。

$$HCHO + Na_2SO_3 \xrightarrow{H_2O} HOCH_2SO_3Na + NaOH$$

图 4-18 亚硫酸钠与甲醛的加成反应

碱催化酚醛树脂的合成反应如图 4-19 所示。

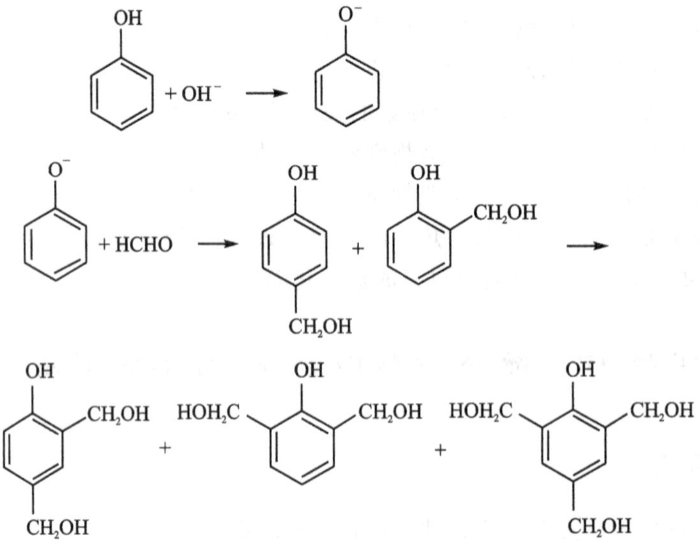

图 4-19 碱催化合成热固性酚醛树脂

酚醛树脂是重要的阻燃材料,广泛应用于建筑材料和航空航天烧蚀材料上,宇宙飞船返回舱的防热大底抗烧蚀材料就是酚醛基复合材料,酚醛基复合材料也用于制备刹车片和阻燃泡沫等。

三、实验试剂与仪器

(1) 主要试剂

甲醛、苯酚、草酸、盐酸、氢氧化钠、乙醇、去离子水。

(2) 主要仪器

恒温水浴、磁力搅拌器、冷凝管、温度计、三口烧瓶(250 mL)、表面皿、烧杯(80 mL)、吸管、玻璃片。

四、实验步骤

(1) 酸催化酚醛树脂的合成

① 将 50 g 苯酚和 33 g 甲醛溶液在 250 mL 三口烧瓶中混合,然后固定在铁架台上,装好回流冷凝器及搅拌器、温度计,在加热套中缓缓加热,使温度保持 60 ℃。

② 加 0.5 g 草酸,反应即开始,注意内部反应温度的变化,维持较好的冷凝,在 60 ℃ 反应 30 min。

③ 逐步升温到 70 ℃ 30 min、75 ℃ 30 min,最终升到 80 ℃,观察反应体系颜色和透明性的变化。

④ 反应 2~3 h 后,将反应瓶中的物料倒入蒸发皿中,冷却后倒去上层水,下层缩合物用水洗涤数次,至呈中性为止。

⑤ 然后在烘箱中在 110 ℃ 烘 2 h,得到热塑性酚醛树脂,观察加热和冷却后的状态。

(2) 碱催化酚醛树脂的合成

① 将 30 g 苯酚和 43 g 甲醛溶液在 250 mL 三口烧瓶中混合。

② 将烧瓶固定在铁架台上,装好回流冷凝器及搅拌器、温度计。

③ 在加热套中缓缓加热,使温度保持在 60~65 ℃。加 0.5 g 氢氧化钠,注意内部反应温度的变化。

④ 逐步升温到 80 ℃,观察反应体系颜色和透明性的变化。

⑤ 反应至棕红色透明时,将反应瓶中的物料倒入蒸发皿中,冷却后观察有无树脂析出。

⑥ 若有树脂析出,用乙醇调制到透明。

(3) 热固性酚醛树脂游离甲醛含量的测定

将 3 g 碱催化酚醛树脂反应液放在 250 mL 锥形瓶中,加 25 mL 蒸馏水,加 3 滴酚酞,用 NaOH 标准溶液滴定至呈粉红色。再加 50 mL 1 mol/L 的 Na_2SO_3 溶液,为了使 Na_2SO_3 与甲醛反应完全,混合物应在室温下放置 2 h,然后用 0.5 mol/L 的 HCl 溶液滴定至褪色为止。

$$X = \frac{0.03 \times V \times C}{m} \times 100 \qquad (4-4)$$

式中:X——甲醛含量的百分值;

　　　V——滴定消耗的盐酸体积,单位为 mL;

　　　m——样品的质量,单位为 g;

C——盐酸浓度,单位为 mol/L;

0.03——相当于 1 mL 1 mol/L 盐酸溶液的甲醛含量,单位为 g。

(4) 热固性酚醛树脂的热固化及其粘接性

① 将第二步中得到的碱催化酚醛树脂的水/乙醇溶液在玻璃片或表面皿上铺成一层,在烘箱中 110 ℃蒸发除去溶剂后,观察状态。

② 继续升温到 150 ℃ 1.5 h 或 170 ℃ 1 h,得到坚硬的脆性固体,即为固化酚醛树脂,检查固化后酚醛树脂在高温下是否会变软。

③ 在差示扫描热量分析仪(DSC)上测试热固性酚醛树脂的升温差热曲线(取样 5 mg,氮气保护、流量 50 mL/min,测试温度区间为 30~300 ℃)。

④ 同时取 1 g 左右酚醛树脂,采用平板小刀法(在凝胶时间测定仪上)测定 150 ℃时的凝胶时间,平行测定 3 次取其平均值。

(5) 热固性酚醛热固化后其耐高温热分解的表征

将热固化后的热固性酚醛树脂取 5~10 mg 置于热重分析仪(TGA)坩埚中,按照如下制度测试其高温分解和残炭率等性能:RT-900 ℃,10 ℃/min 氮气流量 50 mL/min。一般酚醛树脂的高温残炭率约为 60%,属于高残炭树脂,这也是酚醛树脂具有阻燃性的根本原因。

(6) 热固性酚醛树脂升温流变性的表征

在毛细管流变仪上(RT-200 ℃,3 ℃/min,1 Hz),测试剪切粘度随温度的变化,观察树脂粘度(或剪切应力)先下降然后经历一个平台期最后急速升高的变化过程,体会热固化过程中热固性树脂分子量的急剧增大对于树脂粘度的影响。

五、思考题

1. 在本实验中,酸催化缩聚时苯酚过量有何目的?碱催化缩聚时甲醛过量有何目的?

2. 影响酚醛树脂合成的因素有哪些?

3. 为什么在测定酚醛树脂中甲醛含量时,先要用 NaOH 标准溶液滴定至呈粉红色?

基本实验 11　环保胶合板的制备

一、实验目的

1. 了解人造胶合板热压成型的基本原理。
2. 熟悉常温胶粘剂聚乙酸乙烯酯乳液的使用方法。
3. 熟悉热压胶粘剂热固性酚醛溶液的使用方法。
4. 掌握压力成型胶合板的工艺过程。

二、基本原理

胶合板是由木段旋切成单板或由木方刨切成薄木,再用胶粘剂胶合而成的三层或多层的板状材料,通常用奇数层单板,并使相邻层单板的纤维方向互相垂直胶合而成。胶合板由于其结构的合理性和生产过程中的精细加工,可大体上克服木材的缺陷,大大改善和提高木材的力学性能。胶合板一般分为以下 4 类:一类胶合板为耐沸水胶合板,具有耐高温、能蒸汽处理的优点;二类胶合板为耐水胶合板,能在冷水中浸渍和短时间热水浸渍;三类胶合板为耐潮胶合板,能在冷水中短时间浸渍,适于室内常温下使用,用于家具和一般建筑用途;四类胶合板为不耐潮胶合板,在室内常态下使用,主要用于一般用途。胶合板用材有椴木、水曲柳、桦木、榆木、杨木等。

常用木工胶包括白乳胶、酚醛胶、脲醛胶、环氧胶和聚氨酯胶,其中白乳胶是非结构用人造板常用的胶粘剂,脲醛胶是低档非环保型胶粘剂,酚醛胶和环氧胶是结构人造板常用的环保型胶粘剂(美国、欧洲和日本的人造胶合板一般选用酚醛树脂作为胶粘剂),聚氨酯胶则是高档环保型胶粘剂。

白乳胶是目前用途最广、用量最大的粘合剂品种之一。传统白乳胶大多以醋酸乙烯和聚乙烯醇为主要原料,经乳液聚合制备。白乳胶在冬季低温条件下胶凝现象普遍,但板材成型方便快速。白乳胶人造板不耐高温,是常温使用板材,用于装饰装修。

酚醛树脂成本低、粘结力好、固化后不水解,是公认的环保型胶粘剂。酚醛树脂由于原料易得、价格低廉、生产工艺和设备简单,现已成为木材工业不可缺少的胶合用材料。酚醛树脂胶液一般控制在质量分数(质量百分比浓度)为 $40\%\sim60\%$,在单板上的涂胶量为 $150\sim300$ g/m^2,可单面或双面涂胶,涂胶后要冷压至树脂胶凝拉丝,然后放置在热压机上在 150 ℃和 1 MPa 条件下热压 30 分钟。热压完毕后直接取出板材,自然晾凉,用带锯机裁边。

三、实验试剂与仪器

(1) 主要试剂

杨木单板:0.8 mm(厚度),25 cm×25 cm(长和宽);

白乳胶:基本实验 1 自制;

热固性酚醛树脂胶液:基本实验 10 自制。

(2) 主要仪器

电子分析天平、直尺或卷尺、小烧杯(称量胶液)、毛刷、计时器。

四、实验步骤

(1) 聚醋酸乙烯酯乳液作为胶合板粘结剂

① 取 5 块单板备用,计算其面积约为 0.063 m^2,单面涂胶需胶量为 19 g(0.063×300),结合白乳胶的含胶量,计算单板需要的白乳胶量。

② 用小烧杯称量单板所需量的白乳胶乳液,倒在单板上,用毛刷均匀涂开。

③ 依次操作,完成 5 块单板的涂刷。

④ 按照木纹依次正交叠合放置,注意边缘对齐,放置在热压机台面上。

⑤ 加压至 1 MPa,保持 60~90 min。

⑥ 卸压后取下胶合板,观察分层情况。

(2) 热固性酚醛树脂作为胶合板粘结剂

① 取 5 块单板备用,计算其面积约为 0.063 m^2,单面涂胶需胶量为 19 g(0.063×300),结合酚醛胶液的含胶量,计算单板需要的酚醛胶液量。

② 用小烧杯称量单板所需量的酚醛胶液,倒在单板上,用毛刷均匀涂开。

③ 依次操作,完成 5 块单板的涂刷。

④ 按照木纹依次正交叠合放置,注意边缘对齐,放置在热压机台面上(已经预热至 150 ℃)。

⑤ 加压至 1 MPa,保持 30 分钟。

⑥ 卸压后取下胶合板,待自然冷却后,观察分层情况。

(3) 胶合板的加工与检测

① 热压后的胶合板放置冷却到室温后,用木工带锯机裁边,观察断面的均匀性和分层情况。

② 检测甲醛释放量,采用国家标准 T/CNFPIA 1001—2016《人造板甲醛释放限量》进行。

③ 室温弯曲强度和层间剪切强度,采用国家标准 GB/T 31264—2014《结构用人造板力学性能试验方法》进行。

五、思考题

1. 聚醋酸乙烯酯乳液作为胶合板粘结剂时,为什么可以在室温下压制?而热固性酚醛溶液作为胶合板粘结剂时,却需要加热下压制?

2. 与脲醛树脂粘结剂相比,为什么说酚醛树脂粘结剂是环保的?

3. 通过实验,在今后家庭装修选择胶合板时应该注意哪些问题?

基本实验 12   膨胀计法测定聚合物的玻璃化转变温度

一、实验目的

1. 掌握膨胀计法测量高分子材料玻璃化转变温度的方法。

2. 了解升温速率对所测玻璃化转变温度大小的影响。

3. 了解玻璃化温度的动力学特征,以及玻璃化转变温度参数对高分子材料应用的指导意义。

二、实验原理

当高分子降温从高弹态转变为玻璃态,或者升温从玻璃态转变为高弹态的过程会发生玻璃化转变,发生玻璃化转变的温度叫玻璃化转变温度。对于结晶高分子,玻璃化转变是指其非晶部分所发生的由高弹态向玻璃态(或者玻璃态向高弹态)的转变。玻璃化转变是高分子中普遍存在的现象。

从分子运动的角度来看,高分子的玻璃化转变对应于链段运动和冻结的临界状态。链段是分子链中独立运动的单元,它是一种统计单元,已有的实验事实表明,与玻璃化转变相对应的是由 20～50 个链节所组成的链段运动。这种链段运动的"发生"和"冻结"导致高分子的许多物理参数(比容、比热容、模量、热导率、介电常数等)在很窄的玻璃化转变温度区间发生急剧的变化。例如在玻璃化转变温度前后,高分子材料的模量会发生 3～4 个数量级的变化,从塑料一下变成了橡胶。由多种理论来解释玻璃化转变的本质,包括自由体积理论、热力学理论、松弛过程理论等。按照自由体积理论,玻璃化转变的根源是自由体积的减小。由于自由体积的减少导致了链段运动的冻结,进而导致了玻璃化转变。

凡是在玻璃化转变过程中发生突变或不连续变化的物理性质都可以用来测定玻璃化转变温度。因此,有许多测定玻璃化转变温度的方法,包括依据体积或比容变化的膨胀计法、依据比热容变化的差示扫描量热法、利用力学性质变化的静态和动态力学分析法以及利用电磁效应变化的核磁共振法。

膨胀计方法依据高分子在玻璃态时的体积膨胀率小于高弹态时的体积膨胀率来测定高分子的比容与温度的关系。通过将比容与温度曲线发生转折时两端的直线部分外推,交点所对应的温度即为玻璃化转变温度 T_g。所使用的仪器是毛细管膨胀计(如图 4-20 所示),测量时将试样装入安瓿瓶中,抽真空后将与所测高分子不相容的高沸点液体装满安瓿瓶,使液面升至毛细管的一定高度,然后在恒温油浴中以 1~2 ℃/min 的升温速率加热安瓿瓶,同时记录随温度升高毛细管内液面高度的变化,可得到比容-温度曲线。

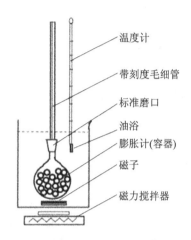

温度计
带刻度毛细管
标准磨口
油浴
膨胀计(容器)
磁子
磁力搅拌器

图 4-20　毛细管膨胀计装置图

玻璃化转变温度也可以在 DSC 仪上测试(热容的变化带来的热效应变化),也可以借助 DMA 测试(模量或损耗因子等力学性能变化)测得。

三、实验试剂与器材

(1) 试剂:自由基聚合所得聚甲基丙烯酸甲酯、配位聚合所得聚甲基丙烯酸甲酯、乙二醇。
(2) 器材:2 支毛细管膨胀计(毛细管直径约 1 mm)、程序控温油浴、温度计。

四、实验步骤

① 洗净膨胀计并烘干,装入样品至总体积 4/5 左右,在膨胀计中加满乙二醇(高沸点液体且不溶解高分子),保证聚合物颗粒上没有气泡(可以放在真空箱中抽真空除泡)。
② 插入刻度毛细管,使液面在毛细管下部,磨口用弹簧固定。
③ 将膨胀计放入油浴,控制升温速率为 2 ℃/min。
④ 在 60 ℃以上开始每 2 ℃记录温度和毛细管高度,测至 170 ℃。
⑤ 分别测试无规聚合物和结晶聚合物。
⑥ 将毛细管液面高度对温度作图,两直线段外延相交处的温度即为玻璃化转变温度。

五、思考题

1. 为什么玻璃化转变温度与升温速率关系很大?这是一个热力学变化吗?
2. 有哪些测定玻璃化转变温度的方法?其优点、缺点分别是什么?

基本实验 13　偏光显微镜法观察聚丙烯结晶形态

一、实验目的

1. 了解偏光显微镜的结构、测试原理和用途。
2. 掌握偏光显微镜使用方法和目镜分度尺测量方法。
3. 掌握熔融法观察聚丙烯结晶形貌,测量聚丙烯球晶半径。

二、实验原理

聚合物的结晶可以具有不同的形态,如单晶、树枝晶、球晶、纤维晶及伸直链晶体等。在从浓溶液中析出或熔体冷却结晶时,聚合物倾向于生成比单晶复杂的多晶聚集体,通常呈球形,称为"球晶"。球晶所具有的结构特征即为球晶结构,球晶可以长得很大。对于几微米以上的球晶,用偏光显微镜就可以观察其形貌;对小于几微米的球晶,则用电子显微镜或小角激光光散射法进行研究。

球晶的基本结构单元是具有折叠链结构的片晶(厚度约为 10 nm)。许多这样的晶片晶核向四面八方生长,发展成为一个球状聚集体。当聚合物中发生分子链的拉伸取向时,会出现光的干涉现象。在正交偏光镜下会出现彩色的条纹。从条纹的颜色、多少、条纹间距及条纹的清晰度等,可以计算出取向程度或材料中应力的大小,这是一般光学应力仪的原理,而在偏光显微镜中,可以观察得更为细致。

聚合物晶体薄片,放在正交偏光显微镜下观察,表面不是光滑的平面,而是有颗粒突起的。这是由于样品结晶组成和折射率是不同的,折射率越大,成像的位置越高;折射率越低,成像位置越低。聚合物结晶具有双折射性质,视区有光通过,球晶晶片中的非晶态部分则是光学各向同性,视区全黑,这样可以呈现结晶形貌的基本特征。

熔融法制备聚合物球晶时,首先把已洗干净的载玻片、盖玻片及专用砝码放在恒温熔融炉内恒温加热 5 min(比 T_m 高 30 ℃),然后把少许聚合物(几毫克)放在载玻片上,并盖上盖玻片,恒温 10 min 使聚合物充分熔融后,压上砝码,轻压试样并排去气泡,再恒温 5 min。为了使球晶长得更完整,可在稍低于熔点温度保温一定时间再自然冷却至室温。

三、实验试剂与仪器

(1) 试剂:配位聚合的聚丙烯粒料。
(2) 仪器:三目偏光显微镜(XP-300D)、热台、载玻片、盖玻片。

四、实验步骤

① 将聚丙烯粒料放在载玻片上,盖上盖玻片,稍压一下,放在显微镜热台上,开始加热。
② 待温度达到 220 ℃后,调慢加热速率(3 ℃/min),观察聚丙烯熔化的情况,待完全熔化成圆形后,停止加热。
③ 慢慢降温,观察聚丙烯球晶晶核形成和扩展的形貌变化。
④ 等温度降到 150～170 ℃完全结晶后,将物镜显微尺置于载物台上(调好焦距,在视野

里发现清晰的显微尺)。

⑤ 测量三个球晶的晶核到边缘长度即球晶的半径,取其平均值。

五、思考题

1. 绘出所观察的聚丙烯球晶形貌图,解释聚丙烯球晶生长的机理过程。

2. 分析聚丙烯球晶生长的影响因素。

基本实验 14　PS-PMMA 自由基共聚合竞聚率

一、实验目的

1. 通过共聚竞聚率的测定,加深自由基共聚反应中各基元反应和共聚物微观组成的理解。

2. 学习并掌握自由基共聚竞聚率测定方法—紫外分光光度计法。

3. 了解自由基共聚竞聚率测定的红外光谱法和折光率法。

二、实验原理

竞聚率是指单体均聚和共聚链增长速率常数之比,可通过实验测定。它不仅是计算共聚物组成的必要参数,还可根据它的数值直观地估计两种单体的共聚倾向。$r>1$,表示自聚倾向比共聚大;$r<1$,表示自聚倾向大于自聚;$r=0$,表示不能自聚。

对某一特定的单体对,随着聚合反应类型不同,其 r_1 和 r_2 值差别很大。如苯乙烯(M1)和甲基丙烯酸甲酯(M2)在 60 ℃进行自由基聚合时,$r_1=0.52$,$r_2=0.46$;在 20 ℃用 $SnCl_4$ 为引发剂进行阳离子聚合时,$r_1=10.5$,$r_2=0.1$;在 -30 ℃用 $NaNH_2$ 为引发剂进行阴离子聚合时,$r_1=0.12$,$r_2=6.4$。本实验主要考虑自由基共聚合时的竞聚率。

自由基共聚的链增长活化能低,所以温度对竞聚率影响很小,例如苯乙烯(M1)和甲基丙烯酸甲酯(M2)在 60 ℃共聚时,$r_1=0.52$,$r_2=0.46$;在 131 ℃共聚时,$r_1=0.59$,$r_2=0.54$。

竞聚率通常都在低转化率下测定,一般有曲线拟合法、直线交叉法和线性化法等技术手段。确定共聚物组成的实验措施,有如下几种:

① 紫外分光光度计法。利用共聚物摩尔消光系数与其组成呈线性关系(已知均聚物的摩尔消光系数),就可以测出不同单体组成的共聚体系的摩尔消光系数,从而计算该聚合条件下的竞聚率。

② 红外光谱法。共聚物中某一特征吸收峰的吸光度 A 与其含量成正比,在已知两种均聚物某一特征峰吸光度的情况下,测定一系列不同单体组成的共聚物的红外吸光度,即可计算竞聚率。

③ 元素分析法。定量分析共聚物某一标记元素的含量,即可计算共聚物的组成,从而计算竞聚率。

④ 折光率。假设共聚物的折光率与其组分含量成正比,则可通过测定不同单体组成的共聚物的折光率,计算共聚物的组成,从而计算得到竞聚率。

计算竞聚率的公式如下:

$$F = \mathrm{d}[M_1]/\mathrm{d}[M_2]$$

$$r_2 = \frac{1}{F}\left(\frac{[M_1]}{[M_2]}\right)^2 r_1 + \left(\frac{[M_1]}{[M_2]}\right)\left(\frac{1}{F}-1\right) \tag{4-5}$$

本实验通过紫外分光光度计法求解苯乙烯和甲基丙烯酸甲酯在偶氮二异丁腈引发剂作用下的自由基共聚的竞聚率。

三、实验试剂与仪器

(1) 试剂:苯乙烯、甲基丙烯酸甲酯、偶氮二异丁腈、氯仿(溶剂)、乙醇(沉淀剂)。

(2) 仪器:试管(30 mL)、翻口橡胶塞、注射器、恒温水浴、紫外分光光度计、电子天平。

四、实验步骤

① 配置一组不同摩尔比的 PS 和 PMMA 的氯仿溶液(PS 含量为 0%、30%、40%、60%、80%、100%)。

② 测定 265 nm 的摩尔消光系数,作出摩尔消光系数对 PS 浓度的工作曲线。

③ 配置引发剂溶液:0.2 g 偶氮二异丁腈溶解于 10 mL 甲基丙烯酸甲酯中,作为引发剂。

④ 取 5 个 30 mL 试管,盖上翻口橡胶塞,在翻口橡胶塞上插上 2 根注射器不锈钢针头,一个作进气(氮气)用,一个作出气用,分别按序列加入两种单体(保持每个试管中 MMA+St 的总体积为 19 mL,其中 St 依次是 16 mL、12 mL、8 mL、6 mL、0 mL)。

⑤ 每个试管中用注射器加入引发剂 1 mL,放在水浴振荡器中在 70 ℃聚合反应 45 min。

⑥ 将试管冷却后,在乙醇中沉降,并抽滤得到滤饼,将滤饼真空加热干燥至恒重。

⑦ 配置⑤中共聚物的氯仿溶液(0.001 mol/L),测定其在 265 nm 处的摩尔消光系数。

⑧ 在工作曲线上求出每一共聚物的组成,按照式(4-5)计算五组直线方程。

⑨ 利用直线交点法求竞聚率 r_1 和 r_2。

五、思考题

1. 苯乙烯和甲基丙烯酸甲酯在自由基聚合中的竞聚率与离子聚合中明显不同,试解释其原因。

2. 为什么有些不能均聚的单体(例如马来酸酐)可以与合适的其他单体共聚?

3. 红外光谱法和折光率法与紫外分光光度计法相比较,有哪些差异?

基本实验 15 聚硅氮烷的缩聚合成及其高温陶瓷化

一、实验目的

1. 掌握无水无氧操作技能。
2. 掌握无机链聚合物的合成与表征技术。
3. 了解陶瓷制备的聚合物转化法。

二、实验原理

聚硅氮烷是分子主链中以硅氮键为重复单元的无机聚合物,主要应用于陶瓷前驱体领域,简称 PSZ,分子结标示意图如图 4 - 21 所示。

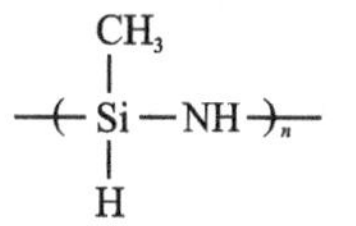

与陶瓷的传统制备工艺不同(如粉末烧结技术),基于陶瓷前驱体树脂的聚合物转化陶瓷路线(Polymer - to - Ceramics,PTCs)是一种简便快捷的陶瓷基复合材料成型技术,它结合了树脂基复合材料成型的简便性和低温烧结陶瓷化的低成本和快捷性,已经成为纤维增强陶瓷基复合材料主要的成型技术。陶瓷前驱体树脂是前驱体浸渍-热解工艺(Precursor Infiltration and Pyrolysis,PIP)制备陶瓷基复合材料的关键原材料,具有低粘度和高陶瓷产率的液态前驱体是目前 PIP 工艺的研究热点,旨在解决固体或高粘度前驱体树脂需要配成溶液导致总陶瓷产率偏低的问题。

$$-\left(\!\begin{array}{c} CH_3 \\ | \\ Si-NH \\ | \\ H \end{array}\!\right)_{\!\!n}-$$

图 4 - 21　聚硅氮烷树脂的分子结构示意图

聚硅氮烷在惰性气氛下热解得到 SiCN 陶瓷,该树脂主链是由 Si - N 键构成的半无机聚合物,其优点包括分子结构可设计、加工工艺性可控制、具有高陶瓷产率、热解温度较低(1 000 ℃左右)和陶瓷组分可调节(衍生自前驱体的分子结构)。聚硅氮烷引入硼元素后可用于制备 SiBCN 陶瓷纤维、功能涂层、多孔陶瓷、高温可陶化粘合剂和陶瓷基复合材料。

本实验聚硅氮烷的氨解缩聚合成使用对空气和水汽极其敏感的试剂,对操作安全性要求高,聚硅氮烷本身在使用时也要无水无氧操作。

三、实验试剂与仪器

(1) 试剂:甲基二氯硅烷、甲基乙烯基二氯硅烷、三甲基氯硅烷、氨气、四氢呋喃。

(2) 仪器:高纯氮气瓶、氢氧化钾干燥塔、三口烧瓶、磁子、玻璃通气管、橡胶气球、回流冷凝管、低温冷却液循环泵、手套箱、真空泵、三角过滤瓶(砂心漏斗)、单口烧瓶、旋转蒸发器、电子天平、热重分析仪。

四、实验步骤

(1) 聚硅氮烷树脂的氨解缩聚合成

① 装配好如图 4 - 22 所示的氯硅烷氨解缩聚装置,低温冰浴保持反应瓶维持在 0 ℃。

② 通过双排管系统反复充氮气和抽真空 5 次,去除反应装置中的空气,开动低温冷凝循环泵,设置在 -20 ℃。

③ 将 80 mL 四氢呋喃通过注射器加入反应瓶中,开动低速搅拌。

④ 称量 11.5 g 甲基二氯硅烷通过注射器加入反应瓶中,同样称量 5.6 g 三甲基氯硅烷和 3.75 g 甲基乙烯基二氯硅烷加入反应瓶。

⑤ 开始向反应瓶中通入氨气,一开始有白雾,然后慢慢消退,溶液中有白色氯化铵盐粒生成。温度计温度升高,调节氨气流量,使温度计维持在 10 ℃以下。

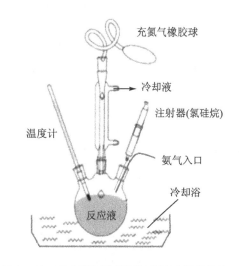

图 4 - 22　氯硅烷氨解缩聚制备聚硅氮烷装置

⑥ 当橡胶球开始鼓胀时,调小氨气流量,用注射器针头抽取微量溶液,测其 pH 值,若为碱性,即可停止通氨气。若仍为弱酸性,继续小流量通氨气,直到溶液为碱性。

⑦ 在手套箱中进行反应液的抽滤,将浅黄色滤液放在单口瓶里,白色氯化铵盐滤饼待处理。

⑧ 在图 4-23 所示旋转蒸发仪上真空蒸馏除去四氢呋喃溶剂,即得黄色聚硅氮烷液体,充氮气密封保存。

图 4-23 旋转蒸发仪真空蒸馏溶剂得到聚硅氮烷

(2) 聚硅氮烷在大气中的自动固化

聚硅氮烷的硅氮键与空气中的水汽作用转化为硅氧键,同时在碱性条件下硅氢键会水解为 $Si-O-Si$,所以聚硅氮烷在水汽中会慢慢脱氨变为交联性聚硅氮硅氧烷。该性能使聚硅氮烷可以作为涂层,保护易腐蚀金属等表面。

本实验中,用滴管吸取 1 mL 聚硅氮烷(室温粘度约为 50 cP),在铝片表面流平,在空气中自然放置 4~6 h 后,固结为浅黄色透明的薄膜,与铝片结合牢固。

在四氟乙烯塑料表面重复以上过程,可将透明薄膜揭下来。

(3) 聚硅氮烷的陶瓷化及其无机结构

在氮气气氛管式炉中,取 5 g 聚硅氮烷样品放在氧化铝坩埚中,升温到 1 000 ℃烧结为陶瓷(5 ℃/min),冷却到室温后得到黑色块体陶瓷材料,称重计算陶瓷化产率。

(4) 聚硅氮烷陶瓷的高温耐氧化性能

在热重分析仪上,在空气气氛下(50 mL/min,RT-1 000 ℃),测试聚硅氮烷陶瓷的质量变化。氮气气氛下烧结制备的陶瓷材料主要成分是 SiONC,具有很高的耐高温氧化能力。观察热重曲线有无抬高现象(与氧反应而增重)、有无下行现象(碳与氧气反应失去二氧化碳而减重),了解聚硅氮烷陶瓷优异的高温抗氧化性能。

五、注意事项

1. 在缩聚反应过程中时刻检查装置的气密性,不可使氨气泄露。

2. 反应完毕,真空过滤去除溶液中的氯化铵时,最好在手套箱中操作,或者在氮气保护下在线压滤,以免聚硅氮烷湿气水解。

3. 在管式高温炉内烧结时,放样要迅速,放好后用氮气流冲洗炉管,然后升温热解。

六、思考题

1. 通入反应瓶中的氨气为什么要先进行干燥除水？

2. 过滤除盐操作为什么要快速？聚硅氮烷样品为什么要密封隔绝空气保存？

3. 聚硅氮烷与大气进行反应的原理是什么？可以采取哪些固化剂使聚硅氮烷有效实现低温固化？不采用固化剂时，聚硅氮烷主要的固化方式是什么？

基本实验 16　Wurtz－Wittig 缩聚合成液体聚硅烷及 SiC 陶瓷制备

一、实验目的

1. 掌握活泼金属锂的处理方法和无水无氧实验技能。

2. 采用活泼金属锂为还原剂对氯硅烷缩聚合成聚硅烷（结构见图 4-24）。

3. 高温烧结制备基于聚合物的陶瓷材料。

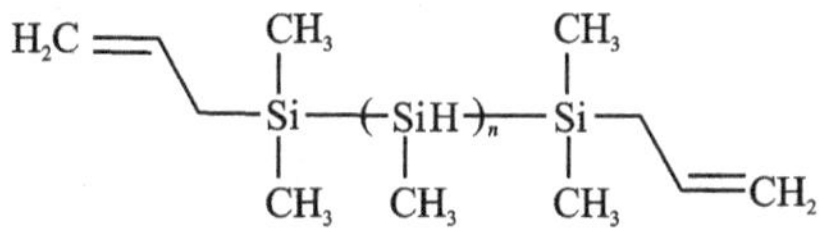

图 4-24　通过 Wurtz－Wittig 缩聚合成的烯丙基封端聚硅烷

二、实验原理

超高温非氧化物陶瓷材料是一类可在超音速飞行器工作环境中（极高温度和恶劣氧化气氛）应用的特种材料。SiC、HfB_2-SiC 和 ZrB_2-SiC-C 等复相陶瓷及其陶瓷基复合材料被认为是最有效的超高温陶瓷材料。聚合物前驱体浸渍热解工艺技术（PIP）是目前广泛采用的超高温陶瓷基复合材料的制备方法，而满足结构与性能要求的合适聚合物前驱体的制备是先决条件。传统的热压法不能满足制备连续纤维增强陶瓷基复合材料的要求，因此前驱体裂解法引起了广泛的关注。目前聚合物前驱体制备非氧化物陶瓷的研究主要集中在单相陶瓷前驱体，如 SiC、Si_3N_4、ZrC 和 ZrB_2 等体系。

最早作为 SiC 陶瓷前驱体的有机聚合物是聚碳硅烷（PCS），由日本的 Yajima 等人率先开发，目前已实现工业化生产。近年来，美国、日本等国科学家也对其他 SiC 前驱体树脂的合成方法做了大量的研究探索工作。如何得到具有较高陶瓷产率兼顾可纺性、稳定性要求是 SiC 陶瓷前驱体分子设计的中心方向。加强先驱体的合成基础研究，通过不同的途径合成出符合要求的陶瓷前驱体，是 SiC 陶瓷前驱体研究的重点与热点。

在我国聚碳硅烷也已由国防科技大学实现中试化制备，目前每年用于 H8 发动机、0901 工程等型号研制的需求量接近 10 吨，但目前聚碳硅烷是针对碳化硅纤维研制的，当用于制备 C/SiC 复合材料时，存在价格高、工艺性差、浸渍效率低、所得 SiC 陶瓷中杂质元素（如碳、氧）含量偏高等问题。事实上对于 SiC 陶瓷来说，一直缺少理想的前驱体树脂来满足基体对于成本、工艺性、热固性、组成和性能的综合要求。发展低成本、高陶瓷产率、高性能的新型碳化硅前驱体是军工材料研制单位的迫切需求。

聚碳硅烷是聚硅烷经高温 Kumada 重排得到的,所以聚硅烷的高效制备至关重要。本实验利用金属锂作为还原剂、以烯丙基溴为封端剂,对氯硅烷进行缩聚,合成封端液体聚硅烷,可以直接作为 SiC 陶瓷的聚合物前驱体。相对于用钠作还原剂,用锂作为还原剂安全性高、转化率高、后处理简便。

三、实验试剂与仪器

(1) 主要试剂

甲基二氯硅烷、三甲基氯硅烷、甲基乙烯基二氯硅烷、烯丙基溴和金属锂(0.2 mm 厚锂片,φ10)、四氢呋喃(THF)和正己烷。四氢呋喃和正己烷使用前均用 4Å 分子筛除水。

(2) 主要仪器

氮气气瓶、氢氧化钾干燥塔、三口烧瓶、磁子、玻璃通气管、橡胶气球、回流冷凝管、加热油浴、低温冷却液循环泵、手套箱、真空泵、三角过滤瓶(砂心漏斗)、单口烧瓶、旋转蒸发器、电子天平。

聚硅烷前驱体树脂的热固化反应研究是在 Netzsch STA409PC 上测试的,10 ℃/min,氮气流速为 50 mL/min。热失重分析在京仪高科的 ZCT - A 上测试,10 ℃/min,氮气流速为 50 mL/min。

聚硅烷前驱体树脂的热裂解陶瓷化是在气氛管式炉中完成的,氮气气氛、100 mL/min,5 ℃/min,1 000 ℃保温 1 h。

X-射线衍射仪,表征聚合物基 SiC 陶瓷的晶相组成。

四、实验步骤

(1) 金属锂为还原剂缩聚合成聚硅烷

① 装配好如图 4 - 25 所示氯硅烷缩聚装置,采用 250 mL 三口玻璃反应瓶。加热油浴保持反应维持在 60 ℃,冷凝管用低温冷却液循环泵维持流动冷却液在 −20 ℃。

② 通过双排管系统反复充氮气和抽真空 5 次,去除反应装置中的空气。

③ 将 80 mL 四氢呋喃通过注射器加入反应瓶中,开动低速搅拌,然后将 1.75 g 锂片投入溶剂中(称量和投入要快)。

④ 称量 11.5 g 甲基二氯硅烷、5.6 g 三甲基氯硅烷和 3.75 g 甲基乙烯基二氯硅烷加入注射器中(通过滴加控制反应速率)。

⑤ 开始向反应瓶中滴加氯硅烷混合液,反应启动后会迅速升温,反应液变混浊。

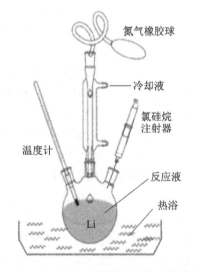

图 4 - 25 氯硅烷还原缩聚合成聚硅烷的装置

⑥ 继续滴加,控制滴加速率保持反应液微沸,随着反应进行,锂片变小并逐渐消失,大约在 2 h 内滴加完毕。

⑦ 继续在 60 ℃反应 3 h,锂片完全消失,得到充满白色盐的黄色溶液,冷却到室温。

⑧ 在手套箱中进行反应液的抽滤,将黄色滤液放在单口瓶里,白色氯化锂滤饼按照固体废弃物处理。

⑨ 在如图 4-23 所示旋转蒸发仪上真空蒸馏除去四氢呋喃溶剂,即得黄色粘胶状聚硅烷,充氮气密封保存在试剂瓶中备用。

(2) 聚硅烷烧结转化为陶瓷

① 前驱体树脂的高温裂解陶瓷化是在气氛保护管式炉中进行的。将树脂置于氧化锆坩埚中,放置在管式炉中间恒温段,在氩气保护下,按照下列温度制度在 1 000 ℃烧结:RT-250 ℃,5 ℃/min;250 ℃,60 min;250 ℃～800 ℃,5 ℃/min;800 ℃,60 min;800～1 000 ℃,10 ℃/min;1 000 ℃,60 min。自然降温至室温后,取出陶瓷材料,为坚硬的黑色块体,称重计算陶瓷化产率。

② 在差示扫描量热仪上测试聚硅烷树脂的热固化行为(RT-250 ℃,10 ℃/min,氮气 50 mL/min),观察聚硅烷热固化交联的温度区间。在热重分析仪上测试聚硅烷的热失重行为(RT-1 000 ℃,10 ℃/min,氮气 50 mL/min),观察聚硅烷从有机结构向无机结构转化的温度区间以及无机化失重率。

(3) 聚合物基陶瓷的形貌与结构表征

① 采用简易型电子放大镜观察陶瓷材料的表面特征,体会从有机聚合物转化为无机陶瓷过程中的体积收缩和微裂纹的产生。

② 采用粉末法在多晶 X 射线衍射仪上测试陶瓷粉末的衍射曲线(8°～80°),观察所得陶瓷样品的晶形(应该得到 β-SiC,衍射峰对应的 2θ 位置在 36°、42°、60°和 71°附近)。

五、思考题

1. 锂催化的氯硅烷缩聚反应为什么要在无水无氧条件下进行?

2. 相对于用钠作还原剂,用锂作为还原剂安全性高、转化率高和后处理简便,从有机化学理论分析,具体的表现是什么?

3. 聚合物转化法制备陶瓷材料,对于聚合物前驱体的分子或元素组成有什么要求?

基本实验 17　不饱和聚酯的缩聚合成和自由基共固化

一、实验目的

1. 掌握通过高真空除缩聚小分子来提高聚酯分子量的方法。

2. 掌握通过与苯乙烯单体共聚的方法实现不饱和聚酯交联的方法,理解不饱和聚酯和苯乙烯能进行交替共聚的原理。

3. 掌握热固性树脂在某一温度凝胶时间的测定,以及采用差示扫描量热法确定固化反应放热温度区间的方法。

二、实验原理

不饱和聚酯树脂一般是由不饱和二元酸和二元醇或者饱和二元酸和不饱和二元醇缩聚而成的具有酯键和不饱和双键的线型高分子化合物。通常,聚酯化缩聚反应在 190～220 ℃高真空下进行,通过不断排除缩聚产生的水分,直至达到预期的酸值(或粘度)。在聚酯化缩聚反应结束后,趁热加入一定量的乙烯基单体,配成粘稠的液体,这样的聚合物溶液称为不饱和聚酯树脂(UPR)。由于不饱和聚酯所用原料不同,品种很多。工业生产中常用的不饱和二元酸或酸酐有顺丁烯二酸酐、反丁烯二酸和四氢化邻苯二甲酸酐等。常用的饱和二元酸或酸酐为邻苯二甲酸酐、间苯二甲酸和己二酸。用得最多的二元醇是丙二醇、一缩二乙二醇和一缩二丙二醇。作为交联剂的乙烯基单体有苯乙烯、甲基丙烯酸甲酯和邻苯二甲酸二烯丙酯。除了上述几种主要原料外,还有各种添加剂和阻聚剂、催化剂或引发剂、促进剂、填料、染料及润滑剂等。最通用的不饱和聚酯是由顺丁烯二酸酐、邻苯二甲酸酐及丙二醇合成。

缩聚方法有如下几种:

① 熔融缩聚法。以酸和醇直接熔融缩聚,不须加入其他组分。利用醇和水的沸程差,使反应生成的水通过分离柱分离出来。此方法设备简单,生产周期短。

② 溶剂共沸脱水法。在缩聚过程中加入甲苯或二甲苯(溶剂),利用甲苯与水的共沸点较水的沸点低,将反应生成的水迅速带出,促进缩聚反应。该方法优点是反应比较平稳,易于掌握,产物颜色较好,但需要有一套分水回流装置,反应过程要用甲苯,缩聚工段要防爆。

③ 减压法。在缩聚中的缩水量达 2/3~3/4 时,抽真空脱水至酸值达到要求时为止。

不饱和聚酯是具有多功能团的线型高分子化合物,在其骨架主链上具有聚酯键和不饱和双键,而在大分子链两端各带有羧基和羟基。主链上的双键可以和乙烯基单体发生共聚交联反应,使不饱和聚酯树脂从可溶可熔状态转变成不溶不熔状态。间苯二甲酸型不饱和聚酯的分子结构如图 4-26 所示。

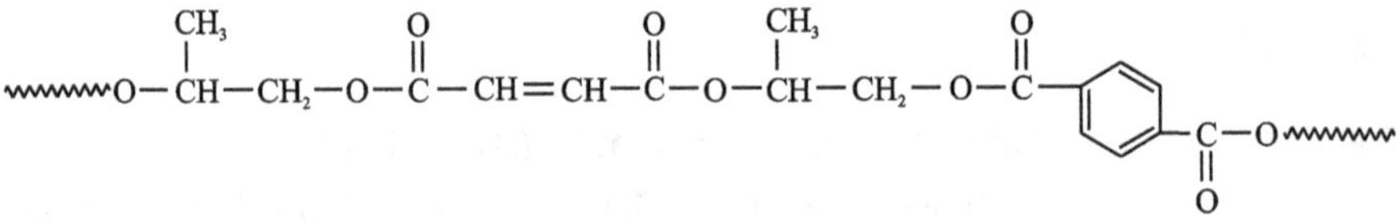

图 4-26 间苯二甲酸型不饱和聚酯的分子结构

不饱和聚酯树脂具有良好的成型工艺性,可以在室温下固化,常压下成型,工艺性能灵活,特别适合现场制造大型玻璃钢制品。固化后树脂综合性能好,力学性能指标略低于环氧树脂,但优于酚醛树脂。耐腐蚀性、电性能和阻燃性可以通过选择适当牌号的树脂来满足要求,树脂颜色浅,可以制成透明制品。绝大多数不饱和聚酯树脂的热变形温度均为 50~60 ℃,一些耐热性好的树脂可达 120 ℃。

UPR 的固化属于自由基共聚合反应,具有链引发、链增长、链终止、链转移四个基元反应。顺丁烯酸酐与苯乙烯的自由基共聚反应的竞聚率 $r_1=0.02$,$r_2=0.04$,$r_1×r_2=0.0008≈0$,不饱和聚酯的固化反应接近交替共聚,这样可以保证体系中三维交联结构的均匀性。另一种常用的共聚单体是甲基丙烯酸甲酯,由于 $r_1=0.02$,$r_2=6.8$,$r_1×r_2=0.136$,共聚反应属于没有恒比点的非理想共聚,固化后体系中会有均聚物存在,所以一般情况下不建议采用。苯乙烯的作用既是共聚单体,又是溶剂,用量一般控制在 30%~50%。

不饱和聚酯树脂的固化过程可分为以下三个阶段:

① 凝胶阶段(A 阶段):从加入固化剂、促进剂以后算起,直到树脂凝结成胶冻状而失去流动性的阶段。在该阶段,树脂能熔融,并可溶于某些溶剂(如乙醇、丙酮等)中。这一阶段大约

需要几分钟至几十分钟。

② 硬化阶段（B 阶段）：从树脂凝胶以后算起，直到变成具有足够硬度、达到基本不粘手状态的阶段。在该阶段，树脂与某些溶剂（如乙醇、丙酮等）接触时能溶胀但不能溶解，加热时可以软化但不能完全熔化。这一阶段大约需要几十分钟至几小时。

③ 熟化阶段（C 阶段）：在室温下放置，从硬化以后算起，达到制品要求硬度，具有稳定的物理与化学性能，可供使用的阶段。在该阶段，树脂既不溶解也不熔融。通常所指的后期固化就是指这个阶段，这一阶段通常需要几天或几星期甚至更长的时间。

热固性不饱和聚酯树脂在凝胶化之前的聚合机理是缩聚反应，而其凝胶化机理是自由基共聚反应，预聚物和交联聚合物两阶段具有不同聚合机理。不饱和聚酯的主要用途是用玻璃纤维增强制成玻璃钢，是增强塑料中的主要品种之一。它具有优良的抗拉强度和冲击韧性，相对密度小，热及电绝缘性能好，还有良好的透光性、耐候性、耐酸性和隔音性等特性，价格又比环氧树脂玻璃钢低得多，因此广泛用于制造雷达天线罩、飞机零部件、汽车外壳、小型船艇、透明瓦楞板、卫生盥洗器皿、化工设备和管道等。

三、实验试剂与仪器

（1）主要试剂

单体：顺丁烯二酸酐、邻苯二甲酸酐、1,3-丙二醇、苯乙烯。以上试剂均为分析纯。

引发剂和催化剂：对甲苯磺酸、过氧化苯甲酰、萘酸亚铜。以上试剂均为分析纯。

（2）主要仪器

合成用器材：一个 250 mL 标准磨口三颈烧瓶、一支 100 mL 滴液漏斗、一支 300 mm 刺形冷凝器（兼作分馏器）、一支 300 ℃温度计、500 mL 锥形瓶（作为缓冲瓶）、一套电动搅拌器、一个电加热恒温油浴锅、一台旋片式真空泵、电子天平、鼓风干燥烘箱。

表征用仪器：差示扫描量热分析仪（Netzsch STA409PC）、热固性树脂凝胶时间测定仪（GT-2）。

四、实验步骤

（1）不饱和聚酯的缩聚

① 装配好如图 4-27 所示装置，采用 250 mL 三颈烧瓶，加热油浴初始设定在 80 ℃；分馏器用自来水冷却，温度约为 15 ℃；冷凝管用低温冷却液循环泵维持流动冷却液 0 ℃。

② 将 33 g 顺丁烯二酸酐、22 g 邻苯二甲酸酐和 0.5 g 对甲苯磺酸加入反应瓶，慢慢搅拌至熔化；滴加 45.6 g 1,3-丙二醇，在 20 min 内滴加完毕。

③ 待反应温度不再上升，开始升温至 150 ℃，同时开启真空泵。

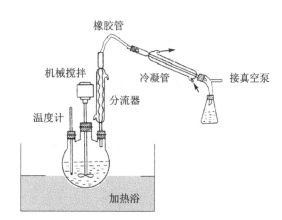

图 4-27　不饱和聚酯的高温脱水缩聚

④ 随着接收器中水分不再增加（或不再有水滴），升温至 200 ℃。

⑤ 继续反应直到取样在室温下为固体,停止加热,停止真空泵。

⑥ 冷却到 90 ℃,加入 25 g 苯乙烯,搅拌溶解成粘胶液体。

⑦ 冷却到室温后,放料收集在试剂瓶中备用。

(2) 不饱和聚酯树脂在化学引发剂下的热固化

① 在电子天平上称取 10 g 不饱和聚酯树脂,置于铝箔叠成的盒子里。

② 然后,在以上盒子里称取 0.1 g 过氧化苯甲酰。

③ 将以上盒子里的物料混匀后,置于鼓风烘箱中于 100 ℃热处理 30 min。

④ 同时取 1 g 左右不饱和聚酯(混合固化剂后的),采用平板小刀法(在凝胶时间测定仪上)测定 100 ℃时的凝胶时间,平行测定 3 次取其平均值。

⑤ 观察不饱和聚酯固化后的性状。

(3) 不饱和聚酯树脂在氧化还原引发剂下的热固化

① 在电子天平上称取 10 g 不饱和聚酯树脂,置于铝箔叠成的盒子里。

② 然后,在以上盒子里称取 0.15 g 过氧化苯甲酰、0.5 g 萘酸亚铜。

③ 将以上盒子里的物料混匀后,置于鼓风烘箱中于 100 ℃热处理 30 min。

④ 同时取 1 g 左右不饱和聚酯(混合固化剂后的),采用平板小刀法(在凝胶时间测定仪上)测定 100 ℃时的凝胶时间,平行测定 3 次取其平均值。比较氧化还原条件下凝胶时间的变化,分析其原因。

⑤ 观察不饱和聚酯固化后的性状。

(4) 不饱和聚酯树脂在不同固化剂条件下的热固化行为曲线

① 取不同固化剂(过氧化苯甲酰、过氧化苯甲酰-萘酸亚铜)的不饱和聚酯样品,在差示扫描量热分析仪上测试 DSC 曲线。

② 观察固化放热峰的位置(起始温度、峰值和结束温度)。

③ 对比不同固化剂对固化峰的影响,掌握氧化还原引发剂是快速低温型固化剂,而过氧类引发剂是中高温型固化剂。

五、思考题

1. 不饱和聚酯缩聚时,为什么要用真空脱水?

2. 不饱和聚酯预聚物是由缩聚合成的,而凝胶化是自由基共聚,这说明体型聚合的两个阶段可以有不同的聚合机理,试想加成凝胶化在凝胶点的判断上还适用 Crothers 方法吗?

3. 不饱和聚酯固化时用氧化还原引发剂的好处有哪些?为什么会降低固化温度或提高聚合速率?

基本实验 18 甲基丙烯酸甲酯的光引发聚合和 3D 打印成型

一、实验目的

1. 掌握光引发聚合的方法,适合光聚合单体的特点。

2. 练习立体光固化 3D 打印复杂塑料部件。

二、实验原理

光聚合是指用光化学反应使单体聚合的方法。单体可以直接受光激发引起聚合,或者由光敏剂(光敏剂是能受光激发并将激发能传递给反应分子而自身又回到基态的物质)、光引发剂(光引发剂是能受光激发产生反应,生成自由基或离子活性中心而引发单体聚合的物质)受光激发而引起聚合,后者又称光敏聚合。这种方法具有聚合温度低、反应选择性高和易控制等特点。光聚合所用的光源主要是高压或中压汞灯(不连续光)和氙灯(连续光)。

与引发剂自由基聚合相比,光引发聚合的活性种是由光化学反应产生的,只有在链引发阶段需要吸收光能。它的特点是活化能低、易于低温聚合;可获得不含引发剂残基的高分子;量子效率高,吸收一个光子引发很多单体分子聚合为大分子。

即使是苯乙烯、甲基丙烯酸甲酯和丙烯腈等感光性单体,要想顺利快速光聚合,也必须加入一定量光敏剂,光敏剂(photosensitizer)又称增感剂、光交联剂。在光化学反应中,把光能转移到一些对可见光不敏感的反应物上以提高或扩大其感光性能的物质。光敏试剂一般是芳香族酮类和安息香醚类,如苯甲酮、安息香二甲醚等。

甲基丙烯酸甲酯中加入 $0.1\% \sim 0.5\%$ 苯基双 $(2,4,6$-三甲基苯甲酰基$)$氧化膦,俗称光敏剂 819,在 400 nm 紫外光照射下可以有效促进聚合。光敏剂引发甲基丙烯酸甲酯的自由基聚合如图 4 - 28 所示。

$$\text{LS} \xrightarrow{\text{UV 400 nm}} \text{LS*} \xrightarrow{\text{MMA}} \text{MMA*} \longrightarrow \text{PMMA}$$

图 4 - 28　光敏剂引发甲基丙烯酸甲酯的自由基聚合(400 nm)

光聚合的应用领域有涂料、粘合剂、图饰材料(油墨、印刷板等)、光刻胶、齿科医用材料、直接激光成像技术、三维模具加工技术等。

立体光固化 3D 打印通常简称为 SLA,是增材制造领域最普遍的三种主要技术之一(另外两种成型技术是熔融沉积成型 FDM 和选择性激光烧结 SLS)。SLA 需要用光敏树脂 3D 打印机。它的工作原理是使用高功率激光来固化液态树脂,以产生所需的 3D 形状。数字光处理(DLP)是 SLA 技术的一种演变,使用投影仪屏幕而不是激光。图 4 - 29 是 SLA 打印过程包括的各步骤。

与许多增材制造工艺一样,第一步通过 CAD 软件设计 3D 模型,生成的 CAD 文件必须转换为 STL 文件(标准曲面细分语言,描述了 3D 对象的表面几何形状,忽略了其他常见的 CAD 模型属性,例如颜色和纹理)。预打印步骤是将 STL 文件馈送到 3D 切片器软件(例如 Cura),这些平台负责生成 3D 打印机的 G 代码。开始打印时,激光将第一层印刷物"拉"到光敏树脂中,激光照射之处液体就会固化,通过计算机控制的镜子将激光引导到适当的坐标。此时,大多数桌面 SLA 打印机都是颠倒的,也就是说激光指向构建平台,在下次打印时该平台从低位开始并逐渐升高。在第一层之后,根据层厚度(比如约 0.1 mm)逐步升高平台,并使光固化树脂在已经印刷的部分下方流动;然后固化下一个横截面,并重复该过程直到整个部件打印完成。没有被激光接触的液体树脂可以收集回储料筒,并在下次打印时重复使用。

在完成材料打印后,将模型从平台移除,洗涤多余的树脂,然后置于 UV 烘箱中进行后固化,后固化使物体达到尽可能高的强度。

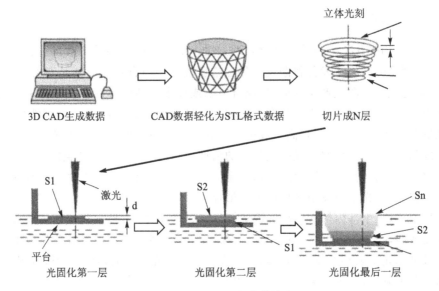

图 4 - 29 SLA 3D 打印的流程

本实验将在 AutoCAD 或 3DMax 中画出立体模型（图 4 - 30 所示），然后输出为 STL 文件，经切片软件 Cura 处理后生成 Gcode 文件。将该 Gcode 文件输入 LD - 001 桌面型光固化 3D 打印机，在其指令下打印成型塑料模型。打印过程中需调整曝光时间，与甲基丙烯酸甲酯-光敏剂 819 体系相匹配。

3D 打印技术已经成为航空航天材料成型重要的新技术手段，使得成型的复合材料更符合力学设计要求，而且不用二次机械加工，提高了原材料利用率和材料制备效率。

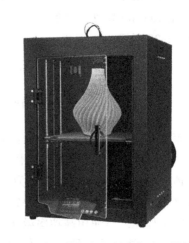

图 4 - 30 光固化打印机制造高分子材料模型

三、实验试剂与仪器

(1) 主要试剂

甲基丙烯酸甲酯、无水乙醇、苯基双(2,4,6 -三甲基苯甲酰基)氧化膦。以上试剂均为分析纯。

(2) 主要仪器

小烧杯(10 mL)、紫外光灯(100 W,32 灯珠,400 nm)、SLA 打印机(LD - 001 桌面型光固化 3D 打印机,405 nm)。

四、实验步骤

(1) 甲基丙烯酸甲酯的紫外光引发聚合

① 称量 10 g 甲基丙烯酸甲酯,配入 0.02 g 光敏剂苯基双(2,4,6 -三甲基苯甲酰基)氧化膦,溶解成溶液并标记为 MMA - 0.2% 819。

② 取以上单体 1 g 放在表面皿上,打开紫外灯放在 5 cm 处,照射过程中会有放热,观察单体硬化的时间。

③ 按照步骤①所述,称量 10 g 甲基丙烯酸甲酯,配入 0.05 g 光敏剂苯基双(2,4,6 -三甲基苯甲酰基)氧化膦,溶解成溶液并标记为 MMA - 0.5% 819。按照步骤②所述,取以上单体 1 g 放在表面皿上,打开紫外灯放在 5 cm 处;照射过程中会有放热,观察单体硬化的时间。

④ 按照①中所述,称量 10 g 甲基丙烯酸甲酯,配入 0.1 g 光敏剂苯基双(2,4,6 -三甲基苯甲酰基)氧化膦,溶解成溶液、标记为 MMA - 1% 819。按照步骤②所述,取以上单体 1 g 放在表面皿上,打开紫外灯放在 5 cm 处;照射过程中会有放热,观察单体硬化的时间。

⑤ 比较各配方光固化的时间,选择与 SLA 打印机曝光速率相匹配的单体组成,进行模型的打印成型。

(2) 立体光固化 3D 打印模型

① 在 AutoCAD 或 3DMax 中画出立体模型,尺寸控制在 80 mm×30 mm×50 mm,将文件输出为 STL 文件。

② 经切片软件 Cura 处理后生成 Gcode 文件。

③ 将该 Gcode 文件输入 LD - 001 桌面型光固化 3D 打印机。

④ 打印过程中需调整曝光时间,与甲基丙烯酸甲酯—1% 光敏剂 819 体系相匹配,持续打印直至成型结束。

⑤ 将打印好的模型取出后,用无水乙醇清洗,置于 UV 灯下充分固化。

五、思考题

1. 甲基丙烯酸甲酯能够直接光引发聚合吗? 为什么还要加入少量光敏剂?

2. 光引发聚合为什么可以在室温下进行? 与化学引发剂相比,光引发自由基聚合有什么优势? 光引发聚合有哪些局限性?

3. 光引发自由基聚合时,为什么光照时聚合反应进行,而光灭时聚合反应即停止?

4. 立体光固化 3D 打印成型对于树脂的光固化或光引发聚合有哪些要求?

基本实验 19　N -(3 -乙炔苯基)苯并噁嗪的开环聚合制备高残炭热固性树脂

一、实验目的

1. 掌握含炔基苯并噁嗪树脂(如图 4 - 31 所示)的合成方法。

2. 掌握苯并噁嗪开环聚合的方法和特点。

3. 了解高残炭树脂及其复合材料在航天烧蚀材料中的应用。

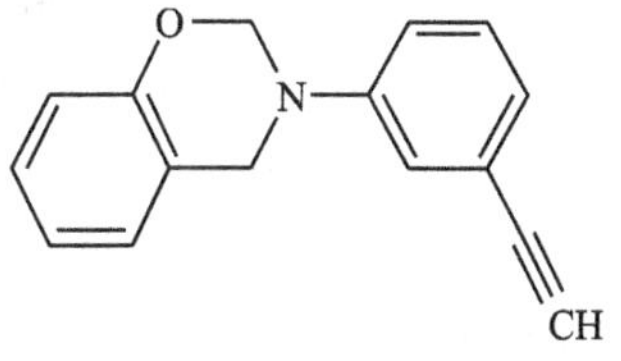

图 4 - 31　N -(3 -乙炔苯基)苯并噁嗪

二、实验原理

1973 年,Schreiner 首次报道了经苯并噁嗪开环聚合制备酚醛塑料的研究工作,相继申请了数项专利。20 世纪 90 年代以来,美国 Case Western Reserve 大学的 Hatsuo Ishida 等人开始对苯并噁嗪的聚合反应机理、结构与性能、聚合反应动力学、聚合物的热分解机理和复合材料应用等方面进行系统的研究。

国内对相关课题的研究始于 20 世纪 90 年代中期,四川大学顾宜等在苯并噁嗪开环聚合机理、固化动力学、计算机分子模拟、烧蚀机理等基础研究方面做了系统的研究,使苯并噁嗪材料应用在层压板、真空泵旋片、印制电路基板和低粘度树脂成型(RTM)、摩擦材料、复合材料等领域。北京化工大学余鼎声等对苯并噁嗪的固化动力学、结构改性、杂化材料制备等进行了相关研究。

苯并噁嗪树脂是一类含有 N 和 O 六元噁嗪环化合物的统称,苯并噁嗪具有较高的耐热性,玻璃化转变温度在 150 ℃以上,固化收缩率几乎为零,阻燃级别 V1、吸水率低、模量高、介电系数小。苯并噁嗪树脂已拥有多种结构不同的品种,如双酚 A 型、双酚 F 型、双环戊二烯二苯酚型和线性酚醛型。

一般来说,苯并噁嗪单体的固化反应为阳离子开环聚合反应,固化机理如图 4-32 所示。在加热产生的酚羟基质子酸催化下,苯并噁嗪开环形成类聚酚醛的结构;在路易斯酸存在下,苯并噁嗪先在较低温度下聚合形成芳醚结构,然后在较高温度下转化为类聚酚醛的结构。因此在不外加酸的情况下,该类树脂的初始固化温度较高,但一旦开环有酚羟基后,聚合反应就会自加速。

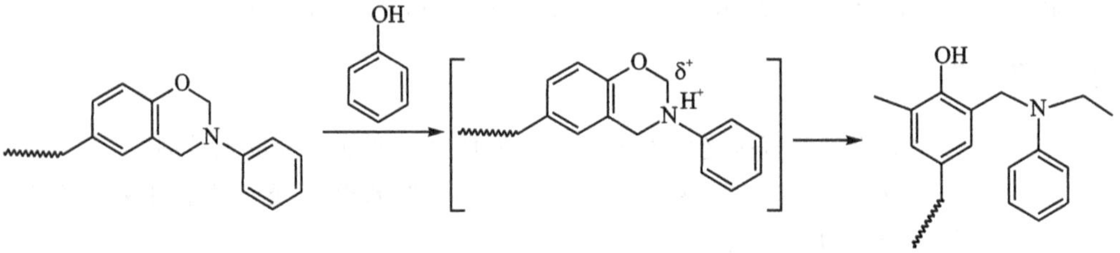

图 4-32　苯并噁嗪的酸催化/自催化开环聚合机理

苯并噁嗪树脂能与环氧树脂、酚醛树脂配合使用,从而得到性能更优异的复合材料,在航空、航天、汽车、电器等诸多领域得到广泛应用。2016 年苯并噁嗪预浸料成功应用于国产大飞机 C919 的尾锥、辅助动力装置门、前缘面板和机腹整流罩装置。苯并噁嗪与含磷环氧树脂复合使用,应用在无卤覆铜板上,由于其优良的耐热性,也被使用在高耐热覆铜板上。苯并噁嗪树脂作为刹车和磨阻材料的粘结剂,结合金属粉末、短纤维和无机粉末高温高压压合制成。

本实验合成的苯并噁嗪树脂是双聚合机理的新品种:苯并噁嗪开环形成含乙炔基的热固性树脂,此时可以溶解在溶剂中或加热成熔体进行复合材料预浸料成型,后续固化借助于乙炔基的热自由基聚合实现。图 4-33 是 N-(3-乙炔苯基)苯并噁嗪的合成、开环聚合为热固性树脂和固化反应。开环聚合是自催化热开环反应,而固化反应是乙炔基自由基热聚合形成高度交联的固化材料。

由于 N-(3-乙炔苯基)苯并噁嗪的固化结构高度交联,其具有较高的残炭率(>77%),可以用作高残炭树脂制备烧蚀复合材料,应用到需要防热的高速飞行器上。

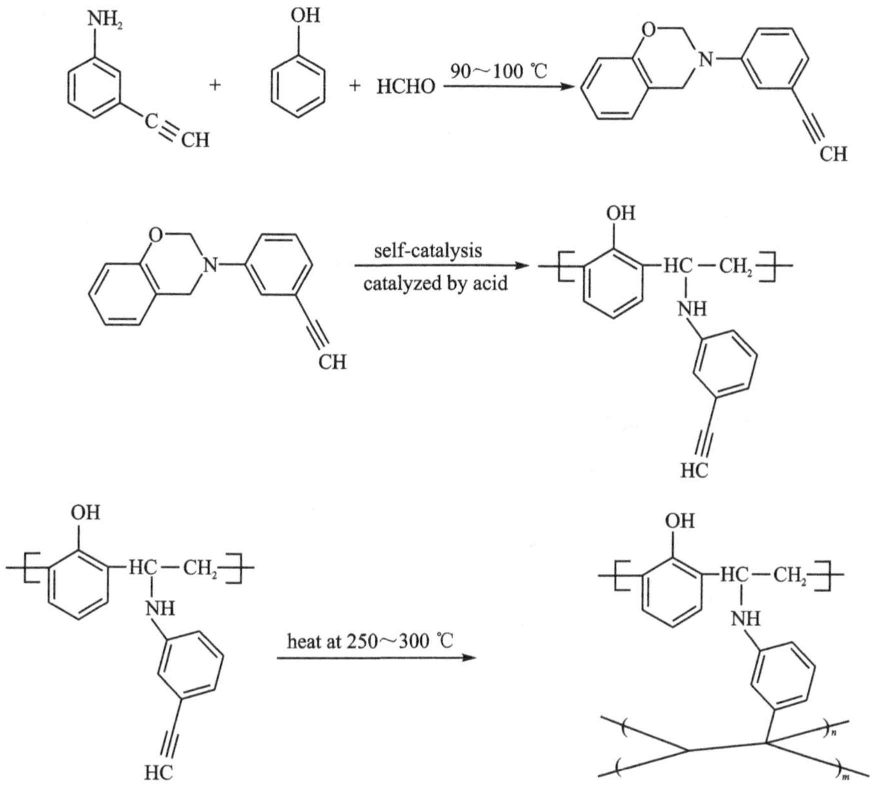

图 4-33　N-(3-乙炔苯基)苯并噁嗪的合成、开环聚合为热固性树脂和固化反应

三、实验试剂与仪器

(1) 主要试剂

苯酚、多聚甲醛、3-乙炔基苯胺,以上试剂均为分析纯。

(2) 主要仪器

合成用器材:氮气气瓶、橡胶气球、三口烧瓶、温度计(180 ℃)、球形冷凝管、电加热油浴、电动搅拌器、低温冷却液循环泵、真空泵、旋转蒸发器、电子天平。

表征用仪器:开环聚合和热固化反应在 Netzsch STA409PC 上测试,10 ℃/min,氮气流速 50 mL/min;热失重分析在京仪高科 ZCT-A 上测试,10 ℃/min,氮气 50 mL/min;红外光谱在 FTIR-8500 上测试,500~4 000 cm^{-1},溴化钾压片法。

四、实验步骤

(1) N-(3-乙炔苯基)苯并噁嗪的合成

① 将 47 g 苯酚和 30 g 多聚甲醛放在 250 mL 三口烧瓶中,然后固定好,装上回流冷凝器、温度计和电动搅拌器。在电加热油浴中加热使温度保持 60 ℃,物料化为液体。

② 加入 58 g 间乙炔基苯胺,搅拌均匀,开始升温,一直升到 90 ℃,注意内部反应温度的变化,维持较好的冷凝。在 90~100 ℃反应 3 h,没有多聚甲醛颗粒。

③ 分三次加入开水(去离子水烧至沸腾),每次约 60 g,搅拌均匀后,及时倒出水层。洗涤

三次后,转移到单口瓶里,在旋转蒸发仪上 80 ℃真空除水,观察树脂完全透明后倒到容器中备用。

(2) N-(3-乙炔苯基)苯并噁嗪的热开环聚合和热固化

① 在差示扫描量热仪上测试苯并噁嗪树脂的热聚合行为(RT-400 ℃、10 ℃/min,氮气流速为 50 mL/min),观察苯并噁嗪开环的温度区间(曲线上最左侧的放热峰)。

② 确定 DSC 曲线上第二个放热峰的温度区间,这是乙炔基自由基热聚合的温度。

③ 将苯并噁嗪树脂放在 180 ℃(即开环聚合起始温度附近)进行开环聚合成热固性炔基树脂,开环聚合产物可以溶解在丙酮中。

④ 将第三步树脂继续在电热鼓风烘箱里 250 ℃热处理 2 h,达到充分固化的目的,观察固化物的状态,此时固化产物不溶解于丙酮。

(3) N-(3-乙炔苯基)苯并噁嗪的残炭率

将热固化树脂样品取 5～10 mg 置于热重分析仪(TGA)坩埚中,按照如下程序升温测试其残炭率(RT-900 ℃,氮气保护、流速 50 mL/min)。一般酚醛树脂的高温残炭率约为 60%,而本实验乙炔苯基苯并噁嗪的高温残炭率超过 77%,属于高残炭树脂,这也是该树脂适合于航天耐烧蚀材料的原因。

(4) N-(3-乙炔苯基)苯并噁嗪及其固化样品的红外光谱

① 在 FTIR-8500 红外光谱仪上,采用溴化钾压片法和透射模式,测试 N-(3-乙炔苯基)苯并噁嗪的红外光谱图;在 980～990 cm^{-1} 处确定苯并噁嗪环体特征峰,在 2 100 cm^{-1} 和 2 980 cm^{-1} 处确定乙炔基的特征吸收峰。

② 采用溴化钾压片法和透射模式,测试开环树脂的红外光谱图。观察 980～990 cm^{-1} 处苯并噁嗪环体特征峰的消失,而仍存在 2 100 cm^{-1} 和 2 980 cm^{-1} 处乙炔基的特征吸收峰。

③ 采用溴化钾压片法和透射模式,测试固化树脂的红外光谱图。观察 980～990 cm^{-1} 处苯并噁嗪环体特征峰的消失,在 2 100 cm^{-1} 和 2 980 cm^{-1} 处乙炔基的特征吸收峰的消失。

五、思考题

1. 苯并噁嗪环体合成时,为什么不用酸或碱的催化?多聚甲醛和伯胺基的摩尔比应该如何控制?

2. 本实验中苯并噁嗪分子中仅含有一个环体,故开环聚合不会凝胶化,但会生成侧基含乙炔基的聚苯并噁嗪,如何实现树脂的交联固化?

3. 为什么含乙炔基苯并噁嗪是高残炭树脂?在航天耐烧蚀防热复合材料上有哪些重要应用?

第5章 高分子化学综合实验

综合实验1 丙烯酸酯类大单体的合成与接枝共聚物

一、目的要求

1. 学习设计丙烯酸酯类大单体的化学方法。
2. 掌握活性预聚物的官能团化制备大单体的方法。
3. 掌握通过大单体的聚合制备梳状接枝共聚物的方法、共聚物结构与性能的表征。

二、基本原理

大单体是近几年来研究的新课题。大单体两端或一端含有可进一步反应的基团(如苯乙烯基、丙烯酰基、环氧基),进一步聚合合成接枝共聚物。利用大单体固化聚合,由于其本身链比较长,固化时进行反应的化学键比例小,所以具有固化收缩小的优点。

接枝共聚物已广泛用于制造纤维、橡胶、塑料、胶粘剂、涂料等产品,但通常以链转移、辐照或光照等聚合方法合成的接枝共聚物往往存在接枝率低和易形成均聚物等缺点。通过"大单体技术"可合成具有预期结构的接枝共聚物(不同的骨架与侧链,不同的侧链长度、支化度与支化度系数),作为高分子功能材料而引人注目。这类接枝共聚物可用作弹塑体,可以形成两性高分子,或用作高分子表面活性剂,制备非水乳液涂料。

活性阴离子聚合是制备反应性预聚物的有效途径(若用有机锂等单阴离子引发剂则得到单端大单体,若用萘锂等双阴离子引发剂则得到双端大单体),然后通过缩合反应嫁接上可聚合基团就得到了大单体。这样合成的大单体分子量可控,进一步合成接枝共聚物后分子量及其分布也可控。通过大单体和其他单体的共聚,可以调控共聚物的结构和性能。丙烯酸酯类大单体的合成与聚合如图 5-1 所示。

本实验先合成活性聚苯乙烯预聚物,缩合制备甲基丙烯酰基封端的大单体,最后经阴离子聚合合成得到 PS-g-PMMA 接枝共聚物。

三、实验试剂与仪器

(1) 主要试剂

苯乙烯,使用前精制;甲基丙烯酰氯,AR;正丁基锂溶液,0.5M,AR;乙酸乙酯,AR;过氧化苯甲酰,AR;乙醇,AR。

(2) 主要仪器

反应用器材:三口烧瓶,250 mL;温度计,0~150 ℃;翻口橡胶塞;注射器(50 mL、10 mL);球形冷凝管;电子分析天平。

凝胶渗透色谱仪(GPC,聚苯乙烯标样,THF 流动相 50 mL/min,柱温 40 ℃);三目偏光

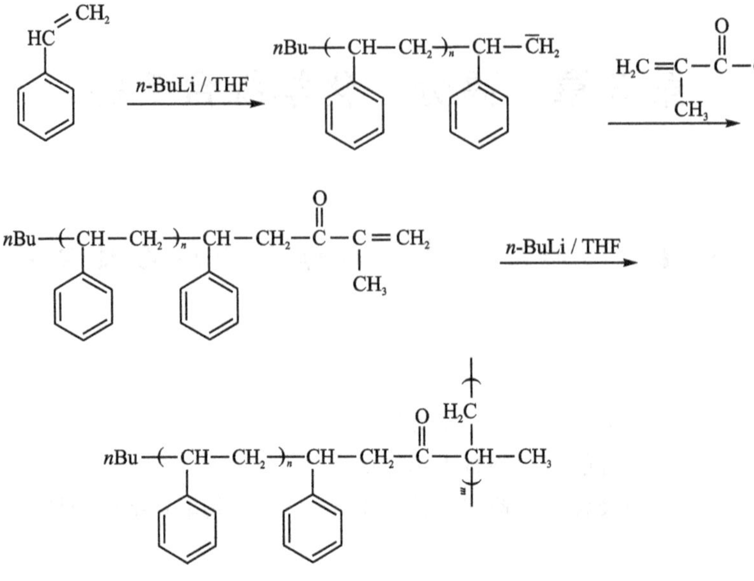

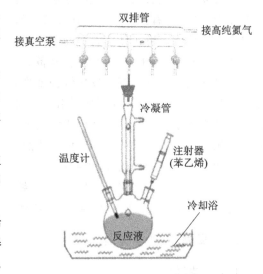

图 5-1 丙烯酸酯类大单体的合成与聚合

显微镜(XP-300D)。

四、实验步骤

(1) 活性聚苯乙烯阴离子和丙烯酸酯类大单体的合成

① 开动冷浴,使反应瓶处在 0 ℃ 恒温浴中。利用双排管对反应烧瓶反复进行 3 次抽气—充氮气操作。

② 在如图 5-2 所示的烧瓶中,在氮气保护下通过注射器抽取 50 mL 无水 THF 通过翻口橡胶塞注入其中,用另一支注射器抽取精制苯乙烯 10.4 g 注入其中,开动磁力搅拌。

③ 用注射器抽取 4 mL 正丁基锂溶液,一次注入反应液中,观察颜色的变化,反应 15 min 即可停止,得到浅红色溶液。

④ 用电子分析天平称取 0.21 g 甲基丙烯酰氯,用无水 THF 配成 5 mL 溶液,通过注射器注入以上反应液,红色消失,继续反应 15 min,进入下一步骤。

(2) 大单体的阴离子聚合

① 接续以上反应,进行大单体的阴离子聚合,用注射器抽取稀释到 0.05 mol/L 的正丁基锂溶液 4 mL,注入反应液,保持良好搅拌。

② 继续反应 30 min,观察颜色的变化。

③ 将反应液滴加到大量乙醇中终止反应。

图 5-2 苯乙烯阴离子聚合的装置

（3）PS‐g‐PMMA 接枝共聚物的分子量及其分布

在凝胶渗透色谱仪上（色谱柱温度为 40 ℃，流动相 THF 50 mL/min，标准样品单分散聚苯乙烯），测试接枝共聚物的分子量和分子量多分散指数。掌握阴离子聚合分子量窄分散的原因，对比实测数均分子量和计算分子量，理解活性阴离子计量聚合。

（4）PS‐g‐PMMA 接枝共聚物的微观分相形貌

① 将接枝共聚物的 THF 溶液滴在载玻片上，蒸发干溶剂，放在三目偏光显微镜下观察形貌。

② 了解共聚物形成规则分相形貌的驱动力，与基本实验 4 中嵌段共聚物形成的微观分相形貌进行比较，思考两种共聚组分比例的不同对于微分相形貌的影响。

五、思考题

1. 端基嫁接反应性官能团的预聚物一般采用什么聚合途径合成？为什么？

2. 接枝共聚物是大单体的重要用途之一，比如本实验的聚苯乙烯接枝聚甲基丙烯酸甲酯，预制大单体的聚合反应和大单体聚合反应可以相同也可以不同，试举出与本实验不同的例子。

3. 接枝共聚物常常会发生微分相，原因是什么？控制哪些因素可以得到理想的形貌结构？

4. 乙醇可以终止阴离子聚合的活性，原因是什么？还有哪些化合物具有同样功能？

综合实验 2　聚丙烯酰胺絮凝剂的合成设计与制备

一、实验目的

1. 掌握共聚合反应原理，达到理论与实践相结合的实验目的。

2. 掌握确定聚合配方、聚合机理和聚合方法的初步能力。

3. 了解如何拟定聚合工艺条件，树立聚合温度、反应时间、搅拌方式等对聚合产率、聚合度和聚合度分布影响的观念。

4. 设计目标聚合物的聚合机理、聚合方法，给出聚合实施步骤（自由基水溶液共聚），完成实验。

二、实验原理

聚丙烯酰胺絮凝剂为水溶性高分子，不溶于大多数有机溶剂，具有良好的絮凝性，可以降低液体之间的摩擦阻力，按离子特性可分为非离子、阴离子、阳离子和两性型四种类型。聚丙烯酰胺絮凝剂广泛应用于增稠、稳定胶体、减阻、粘结、成膜、生物医学材料等方面。水处理中作助凝剂、絮凝剂、污泥脱水剂。石油钻采中作降水剂、驱油剂。在造纸过程中作助留剂和补强剂。

聚丙烯酰胺为白色粉末或者小颗粒状物，密度为 1.32 g/cm^3，玻璃化温度为 188 ℃，软化温度为 210 ℃。聚丙烯酰胺干燥状态下很快从环境中吸取水分，用冷冻干燥法分离的均聚物是白色松软的非结晶固体，但是当从溶液中沉淀并干燥后则为玻璃状部分透明的固体，完全干燥的聚丙烯酰胺是脆性的白色固体。

阳离子型聚丙烯酰胺是加入阳离子单体共聚得到的,一般采取反相乳液聚合和水溶液聚合。常用的阳离子单体有二烯丙基二甲基氯化铵、乙烯基吡啶盐和聚乙烯基亚胺等。阳离子型聚丙烯酰胺絮凝剂的聚合流程如图5-3所示。

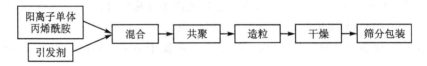

图5-3 阳离子型聚丙烯酰胺絮凝剂的聚合流程

三、实验试剂与仪器

(1) 主要试剂

单体包括:丙烯酰胺,无色片状固体,有毒;二烯丙基二甲基氯化铵。

溶剂(备选):四氢呋喃、甲苯、乙醇、去离子水。

引发剂(备选):偶氮二异丁腈、过氧化苯甲酰、过硫酸铵。

(2) 主要仪器

油浴、磁力搅拌、磁子、高纯氮气瓶、乳胶管、球形冷凝管、三口玻璃烧瓶(100 mL)、注射器(100 mL、20 mL、10 mL)、温度计、电子天平。

四、实验设计与实验步骤

(1) 实验设计(水溶液中自由基共聚合)

① 聚合机理:自由基无规共聚。

② 聚合方法:水溶液共聚。

③ 竞聚率(丙烯酰胺-二烯丙基二甲基氯化铵)$r_1=1.95$,$r_2=0.30$。

④ 聚合体系配方:丙烯酰胺/二烯丙基二甲基氯化铵=3:1(质量比);水溶液浓度30%;引发剂用量为单体质量的3.5%。仅供参考。

(2) 实验步骤

① 根据目标聚合物,确定共聚物的分子结构。

② 确定聚合机理和聚合方法,写出基元反应。

③ 确定聚合配方,画出实验装置图。

④ 制定工艺流程,确定聚合工艺参数。

⑤ 完成聚合实验,回收聚丙烯酰胺絮凝剂溶液。

五、注意事项

1. 简要解释给出的共聚物分子结构。

2. 画出实验装置后,给出工艺流程图,并解释每一步的注意事项。

3. 对最后的聚丙烯酰胺絮凝剂,可以检验其对泥浆的絮凝效果。

六、思考题

1. 为什么聚丙烯酰胺共聚物是一种阳离子型絮凝剂?

2. 水溶液聚合如何选择自由基引发剂？其半衰期如何调节？

综合实验3　聚甲基丙烯酸甲酯和酚醛树脂的注射成型

一、实验目的

1. 了解螺杆挤出机和螺杆注塑机的基本结构和操作规程。
2. 掌握根据热塑性聚合物和热固性聚合物的加工性能设定注塑参数。
3. 掌握调节注射条件对标准试样收缩和气泡缺陷的影响,注意热塑性和热固性高分子的注塑条件差异。

二、实验原理

注射成型(通过螺杆注塑机,如图5-4所示)适用于热塑性树脂和热固性树脂,是高分子重要的成型技术。注塑成型又称注射模塑成型,它是一种注射兼模塑的成型方法。注塑成型方法的优点是生产速度快、效率高,操作可实现自动化,制品品种多,制品尺寸精确,能加工成型形状复杂的制件,适用于大量生产与形状复杂产品的成型。在一定温度下,通过螺杆搅拌完全熔融的塑料,用高压射入模腔,经冷却固化后,得到成型品。

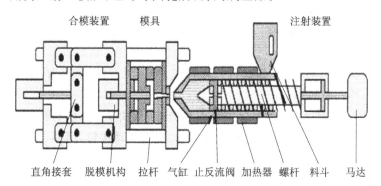

图 5-4　注塑成型机

注射成型过程大致可分为以下6个阶段:合模、射胶、保压、冷却、开模、制品取出。上述工艺反复进行,就可批量、周期性生产出制品。热固性塑料和橡胶的成型也经过同样的流程,但料筒温度较热塑性塑料低,并且需要更高的注射压力;物料注射完毕后,在模具中固化或硫化变硬,然后趁热脱膜。

本实验对聚甲基丙烯酸甲酯热塑性高分子进行注塑成型标准拉伸试样,以及注塑成型(真空辅助脱气)热固性酚醛树脂的标准拉伸试样。

三、实验试剂与器材

(1) 主要试剂

有机玻璃(固体,软化点约为220 ℃)、热固性酚醛树脂(液体粘胶,采用基本实验10中合成的碱催化酚醛树脂)。

(2) 主要器材

塑料单螺杆注射成型机、注射模具(拉伸试样,如图 5-5 所示)。

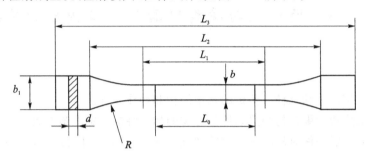

L_0:标线间距离 50 mm±0.55 mm; L_1:平行部分长度 60 mm±0.5 mm;

L_2:夹具间初始距离 115 mm±5 mm; L_3:总长 150 mm;

R:过渡半径 60 mm; b:平行部分宽度 10 mm±0.5 mm;

b_1:端部宽度 20 mm±0.5 mm; d:试样厚度,一般为 4 mm

图 5-5 塑料标准拉伸试样(Ⅲ型)

四、实验步骤

(1) 有机玻璃的注射成型

① 准备聚甲基丙烯酸甲酯粒料,在差示扫描量热仪上测定其软化点和分解温度(5 ℃/min,氮气气氛)。

② 拟定工艺条件:螺杆温度、螺杆行程与背压、注射压力、保压压力、保压时间、模具温度(低于分解温度)、冷却时间等。

③ 预注射试验:按照以上参数探索一下是否合适,从试样的外观判断。

④ 正式注射实验,安装好模具,进行手动操作:按下手动按钮,闭模、注射座前移、注射、保压、冷却、注射座后移、开模顶出试样。

⑤ 观察制品质量,分析问题原因。

(2) 热固性酚醛树脂的注射成型

① 准备热固性酚醛粘胶态物料。在差示扫描量热仪上测定其固化温度区间和分解温度(5 ℃/min,氮气气氛)。

② 拟定工艺条件:螺杆温度(低于固化温度50~70 ℃)、螺杆行程与背压、注射压力、保压压力、保压时间(远长于凝胶时间)、模具温度(在固化温度区间)、冷却时间等。

③ 预注射试验:按照以上参数探索一下是否合适,从试样的外观判断。

④ 正式注射实验,安装好模具,进行手动操作:按下手动按钮,闭模、注射座前移、注射、保压、冷却、注射座后移、开模顶出试样。

⑤ 观察制品质量,分析问题原因。

五、注意事项

1. 注塑成型制品常见缺陷有:外观缺陷(比如银纹变色、熔接痕)、工艺问题(比如飞边、缩水、缺胶)、性能问题(比如翘曲、脆化),所以通过预成型实验确定合适的注射温度、注射压力和时间、保压压力和时间等工艺参数。

2. 注塑成型试样表面颜色不均匀,这是由注塑温度偏高或螺杆剪切力过大造成高分子树脂的降解或变性导致的,因此注射温度既要保证足够的粘流性,又不能过高。

六、思考题

1. 注塑成型适用于热固性高分子的成型与热塑性高分子的成型有什么不同? 为什么特别适合于整体编织预制体增强热固性树脂的复合材料成型?

2. 热固性酚醛树脂注射时,若压力不足会出现什么问题? 若保压时间过短会出现什么问题?

3. 注射成型过程中温度如何确定? 如何控制? 对制品外观和性能的影响有哪些?

综合实验 4　聚苯乙烯的原子转移自由基可控聚合

一、实验目的

1. 掌握原子转移自由基聚合 ATRP 的实施方法,特别是引发剂体系的选择。
2. 了解 ATRP 聚合的动力学特点。
3. 掌握 ATRP 聚合方法合成嵌段共聚物的方法和实施过程。
4. 了解影响自由基可控聚合的因素。

二、实验原理

原子转移自由基聚合(Atom Transfer Radical Polymerization,ATRP)是以苄基卤化物为引发剂、卤化亚铜为催化剂、联二吡啶为有机配体,通过氧化还原反应,在活性种与休眠种之间建立可逆的动态平衡,从而实现对聚合反应的"准活性"控制。

ATRP 聚合体系的引发剂主要是卤代烷 RX(X=Br,Cl)、苄基卤化物、α-溴代酯、α-卤代酮、α-卤代腈等,另外也采用芳基磺酰氯、偶氮二异丁腈等。RX 的主要作用是定量产生增长链。α-碳上具有诱导或共轭结构的 RX,末端含有类似结构的大分子(大分子引发剂)也可以用来引发,形成相应的嵌段共聚物。

ATRP 的基本原理其实是通过一个交替的"促活-失活"可逆反应使得体系中的自由基浓度处于极低,不可逆终止反应被降到最低程度,从而实现"活性"/可控自由基聚合,这样也导致 ATRP 聚合反应的时间较长。

适用于 ATRP 的单体种类较多:大多数单体(如甲基丙烯酸酯、丙烯酸酯、苯乙烯和电荷转移络合物等)均可进行 ATRP,并已成功制得了活性均聚物、嵌段和接枝共聚物。Greszta 等曾用活性差别较大的苯乙烯和丙烯腈以混合一步法进行 ATRP,在聚合初期活性较大的单体进入聚合物,随着反应的进行,活性较大的单体浓度下降,而活性较低的单体更多地进入聚合物链,这样就形成了共聚单体随时间的延长而呈梯度变化的梯度共聚物。ATRP 适用于众多工业聚合方法,如本体聚合、溶液聚合和乳液聚合。

ATRP 具有类似于阴离子活性聚合的特征,聚合物链具有进一步与单体共聚形成嵌段共聚物的能力,但是又没有离子聚合物链对水和空气的敏感性,所以在合成嵌段共聚物方面很受欢迎。

三、实验试剂与仪器

(1) 主要试剂

苯乙烯(AR,4 Å分子筛除水)、丙烯酸丁酯(AR,4 Å分子筛除水)、1-苯基溴乙烷(AR)、溴化亚铜(AR)、2,2'-联吡啶(AR)、甲苯(AR)、乙醇(AR)。

(2) 主要仪器

三口烧瓶(100 mL,24口)、回流冷凝管、磁力搅拌器、智能控温油浴、注射器(50 mL、10 mL)、旋片式真空泵、双排管、鼓泡器、高纯氩气、医用乳胶橡胶管、电子天平、凝胶渗透色谱仪(Waters 1515)。

四、实验步骤

(1) 聚合度-转化率曲线的测定

① 连接双排管充气-真空系统,与真空泵和高纯氩气相接。将加入磁子、溴化亚铜 0.143 g 和联吡啶 0.313 g 的反应瓶接在双排管上,抽真空和充氩气反复进行 5 次。

② 冷凝管通自来水冷却,将溶剂甲苯和单体苯乙烯用针头插入瓶底通氩气除氧 20 min。

③ 将 1-苯基溴乙烷 0.185 g、苯乙烯 20 g 溶解在 20 g 甲苯中,然后通过注射器加入反应瓶中。

④ 在搅拌下加热反应瓶,在 110 ℃维持反应 10 h。在此期间测试聚合度和转化率的关系曲线,目的是考察聚合度是否随着转化率呈线性关系(体现活性聚合特征,而与自由基聚合区别较大)。

⑤ 从反应开始 1 h 后开始取样,在 1 h、2 h、3 h、4 h、5 h、6 h 时抽取聚合液,计算其中苯乙烯含量,用凉乙醇沉淀后干燥,计算聚苯乙烯质量,从而可以得到各个时间点的转化率。

⑥ 将各个时间点的聚合物在凝胶渗透色谱(THF,流动相 50 mL/min,柱温 40 ℃,折光系数检测器)测试其相对数均分子量。根据第⑤步和第⑥步的结果画出聚合度(相对分子量)-转化率关系曲线。

(2) 聚苯乙烯活性聚合物的 ATRP 合成

① 按照"聚合度-转化率曲线的测定"步骤,进行第①、②、③步。

② 搅拌下加热反应瓶到 110 ℃,10 h 后结束聚合,将反应液倒入凉乙醇中沉淀。

③ 过滤收集滤饼,晾干后在真空烘箱中于 50 ℃干燥,即得原子转移自由基聚合聚苯乙烯。

(3) 聚苯乙烯-b-聚丙烯酸丁酯嵌段共聚物的合成

① 将 ATRP 聚合物溶解在甲苯中,用 10 cm 氧化铝吸附柱过滤,收集滤液;在乙醇中沉降,干燥后备用。

② 取精制聚苯乙烯 20 g、丙烯酸丁酯 20 g、甲苯 30 g 配成溶液,通氩气除氧 20 min。

③ 按照"聚苯乙烯活性聚合物的 ATRP 合成"中的步骤搭配装置,称取溴化亚铜 0.143 g 和联吡啶 0.313 g,放入反应瓶,充氩气和抽真空重复 5 次。然后把步骤②中的溶液通过注射器加入反应瓶,冷凝管通自来水冷却。

④ 加热并搅拌反应 8 h,聚合液在乙醇中沉降,干燥后收集,即得聚苯乙烯-b-聚丙烯酸丁酯嵌段共聚物。

⑤ 在凝胶渗透色谱仪上测定嵌段共聚物的平均分子量和多分散性指数。

五、注意事项

1. 乙醇对聚苯乙烯有一定的溶解度(特别是聚合度相对较低时),因此在测定相对分子量和转化率关系曲线时,一定在冷乙醇中进行沉降聚苯乙烯。

2. 聚合过程要进行比较严格的除氧,否则会有比较大的阻聚效果和较长的诱导期。

六、思考题

1. ATRP 可控自由基聚合的反应时间为什么较长? 如何使其聚合反应稍快一些?

2. 除了 ATRP,还有哪些可控自由基聚合方法,它们的引发剂有什么特点?

3. 与苯乙烯的阴离子聚合相比,在 ATRP 聚合中,溶剂和单体的处理要求会低一些,为什么没有要求绝对去除水分等?

4. ATRP 法制备的聚合物为什么相对分子量分布较窄? 嵌段共聚物的相对分子量分布也较窄?

综合实验 5　高邻位酚醛树脂的烯丙基醚化改性和 Claisen 重排

一、实验目的

1. 采用 Lewis 酸催化剂合成高邻位热塑性酚醛树脂,并表征其红外光谱特征与一般热塑性酚醛树脂的不同。

2. 采用 Williamson 醚化反应改性高邻位热塑性酚醛树脂制备烯丙基醚酚醛树脂,表征改性后聚合物流变性和碱溶性的改变。

3. 烯丙基醚酚醛树脂的高温 Claisen 重排得到烯丙基酚醛树脂,表征重排后聚合物流变性和碱溶性的改变。

4. 烯丙基醚酚醛树脂和烯丙基酚醛树脂的热固性表征(采用 DSC 和凝胶时间测定法)。

二、实验原理

酚醛树脂具有良好的耐酸性能、力学性能、耐热性能,广泛应用于航空、航天、防腐、胶粘剂、阻燃材料、砂轮片制造等行业。

苯酚和甲醛在酸性或碱性催化剂作用下,通过缩聚反应生成酚醛树脂。在酸性催化剂作用下,苯酚过量时生成线型热塑性树脂;在碱性催化剂作用下,甲醛过量时生成体型热固性树脂。如果在酚/醛摩尔比大于 1 的情况下,用路易斯酸(如氯化锌、氧化锌、醋酸锌等)作催化剂,可以合成高邻位热塑性酚醛树脂。高邻位酚醛树脂在分子链结构上,亚甲基主要连接酚环的两个邻位(这样酚环的对位是空的,具有较高的傅氏反应活性);而在普通热塑性酚醛树脂的分子链上亚甲基连接酚环的邻位和对位(酚环的邻位是空的,相对高邻位酚醛的空对位,其反应活性稍低)。在傅里叶红外光谱上,酚环邻位氢的特征吸收峰为 730 cm^{-1},酚环对位氢的特征吸收峰为 860 cm^{-1};在普通酸催化热塑性酚醛树脂中,二者吸光度之比约为 1,而在高邻位酚醛树脂中,二者吸光度之比可远大于 2。高邻位酚醛树脂的分子结构特点如图 5-6 所示。与普通酚醛树脂明显不同,有很多的 p 空位。

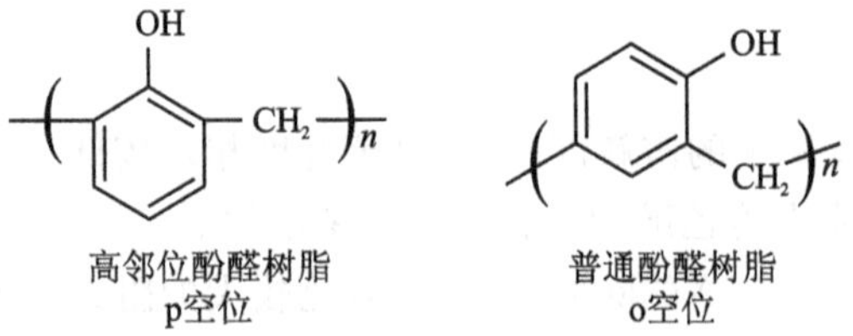

高邻位酚醛树脂　　　　　普通酚醛树脂
p空位　　　　　　　　　o空位

图 5-6　高邻位酚醛树脂的分子结构特点

　　酚醛树脂在碱催化下可以与活泼卤代烃发生 Williamson 醚化缩合反应,合成不同的改性酚醛树脂。比如,与烯丙基氯或烯丙基溴反应制备烯丙基醚酚醛树脂,烯丙基醚酚醛树脂进一步与双马来酰亚胺树脂预聚可以制备高性能双马树脂,作为耐高温结构复合材料基体,在航空航天耐热结构上具有重要应用。烯丙基醚酚醛树脂及其改性双马来酰亚胺的预聚反应如图 5-7 所示。

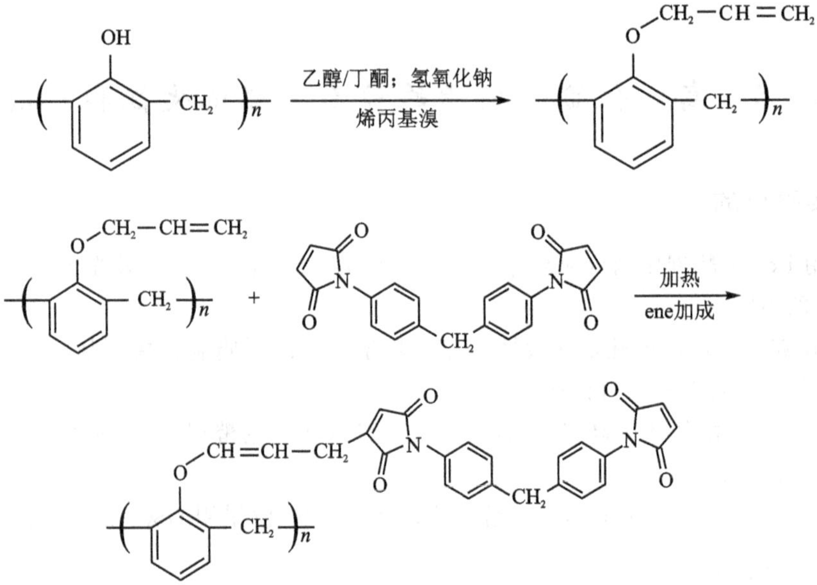

图 5-7　烯丙基醚酚醛树脂及其改性双马来酰亚胺的预聚反应

　　烯丙基芳基醚在高温(200 ℃)下可以重排,生成烯丙基酚。当烯丙基芳基醚的两个邻位未被取代基占满时,重排主要得到邻位产物,两个邻位均被取代基占据时,重排得到对位产物。对位、邻位均被占满时不发生此类重排反应。交叉反应实验证明,Claisen 重排是分子内的重排。烯丙基酚醚的 Claisen 重排如图 5-8 所示。

　　从烯丙基芳基醚重排为邻烯丙基酚经过一次[3,3]σ 迁移和一次由酮式到烯醇式的互变异构,两个邻位都被取代基占据的烯丙基芳基醚重排时先经过一次[3,3]σ 迁移到邻位(Claisen 重排),由于邻位已被取代基占据,无法发生互变异构,接着又发生一次[3,3]σ 迁移(Cope 重排)到对位,然后经互变异构得到对位烯丙基酚。

　　Claisen 重排具有普遍性,在醚类化合物中,如果存在烯丙氧基与碳碳双键相连的结构,就有可能发生 Claisen 重排,所以烯丙基醚酚醛树脂在高温下也会重排得到 p-取代烯丙基酚醛树脂。烯丙基醚酚醛的高温 Claisen 重排得到烯丙基酚醛树脂如图 5-9 所示。

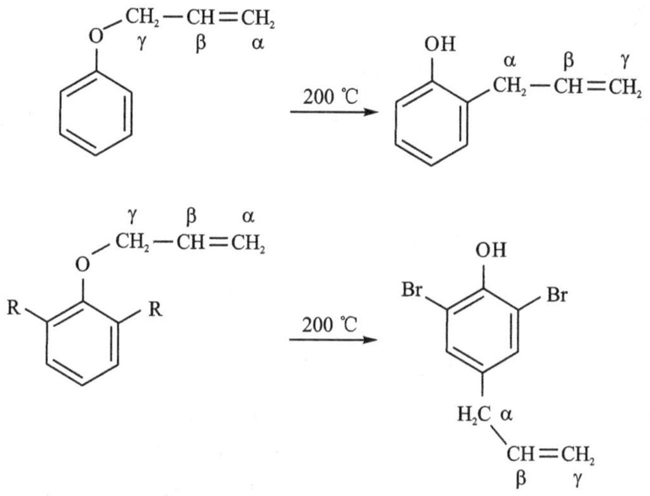

图 5 - 8　烯丙基酚醚的 Claisen 重排

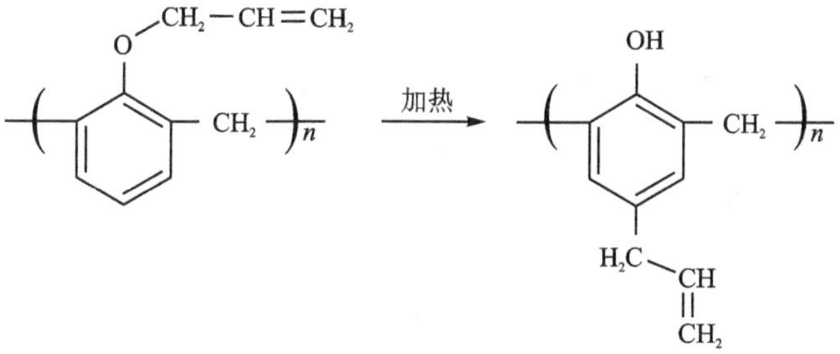

图 5 - 9　烯丙基醚酚醛的高温 Claisen 重排得到烯丙基酚醛树脂

烯丙基重排到苯环上后,酚羟基再生,聚合物重新具有酚醛树脂对碱的敏感性,同时由于酚羟基氢键的作用,使重排后聚合物的粘度增大。

三、实验试剂与仪器

(1) 主要试剂

甲醛(37％aq)、苯酚、氧化锌、乙醇、去离子水。正丁醇、丁酮、氢氧化钠、3 -溴丙烯(烯丙基溴)。以上试剂均为分析纯。

(2) 主要仪器

合成用器材:恒温水浴、磁力搅拌器、球形冷凝管、温度计、四口烧瓶(250 mL)、烧杯(80 mL)、吸管、滴液漏斗(100 mL)。

提纯用器材:过滤瓶(500 mL)、布氏漏斗、定量滤纸、循环水真空泵、分液漏斗、单口瓶(250 mL)、旋转蒸发器、塑料瓶(200 mL)。

表征用仪器:红外光谱仪(FTIR - 850)、差示扫描量热分析仪(ZCT - A)、毛细管流变仪(MLW - 400A)。

四、实验步骤

(1) 高邻位酚醛树脂的合成与红外光谱

① 将 50 g 苯酚和 33 g 甲醛溶液在 250 mL 三口烧瓶中混合,然后固定在铁架台上;装好回流冷凝器、搅拌器、温度计,启动搅拌和打开回流冷凝水,用恒温水浴加热到 70 ℃。

② 加 2 g 氧化锌粉末,充分搅拌均匀后,继续加热到 90 ℃。

③ 观察反应体系颜色、粘度和透明性的变化。

④ 反应 4 h 后,将反应瓶中的物料倒入蒸发皿中,冷却后倒去上层水,下层缩合物用热水洗涤数次,至呈中性(pH＝7)为止。

⑤ 在烘箱中烘干水分(110 ℃,2 h),得到高邻位热塑性酚醛树脂,冷却后得到黄色脆性固体。

⑥ 采用 KBr 粉末压片法,在傅里叶红外光谱仪上采用透射模式扫描得到高邻位酚醛树脂的红外光谱,量取波数 730 cm^{-1} 和 860 cm^{-1} 的吸收峰透波率,计算 o/p 吸光度之比。作为对比,采用以上方法对基本实验 10 中草酸催化合成的热塑性酚醛树脂测试红外光谱,并计算 o/p 吸光度之比,比较高邻位酚醛树脂 o/p 比有何特点。

(2) 酚醛树脂的 Williamson 醚化制备烯丙基醚酚醛树脂

① 将上步制备的固体酚醛树脂粉碎成小块,称量 20.6 g,放入 250 mL 四口烧瓶中,固定在铁架台上,装好回流冷凝器、搅拌器、滴液漏斗和温度计,加入 60 g 丁酮,启动搅拌和打开回流冷凝水,在室温下搅拌溶解,得到浅黄色溶液。

② 加入 8 g 氢氧化钠,室温下搅拌溶解,得到深红色溶液。

③ 用恒温水浴加热到 70 ℃,开始滴加烯丙基溴(25 g),控制滴加速率,保持反应液温度不超过 75 ℃,大约 1 h 滴加完毕,滴加过程中溶液颜色逐渐变为黄色,有白色盐沉淀。

④ 滴加完毕后每小时跟踪反应液 pH 值的变化,直到中性,大约需要 3 h。

⑤ 冷却到室温后,真空过滤除去反应液中的溴化钠,收集黄色滤液。

⑥ 将滤液转移到分液漏斗中,用去离子水多次洗涤,直到水层用 0.01 mol/L 硝酸银检测不到白色沉淀为止。

⑦ 将有机层收集到单口瓶中,在旋转蒸发仪上 90 ℃真空除掉丁酮和水分,得到棕红色粘胶状烯丙基醚酚醛树脂,计算产物的反应收率。

(3) 烯丙基醚酚醛树脂的高温 Claisen 重排制备烯丙基酚醛树脂

① 将上步制备的胶状烯丙基醚酚醛树脂在烘箱里于 80 ℃稍微加热变稀,称取 12 g 放置在 20 mL 小烧杯里,放入鼓风烘箱进行热处理。

② 按照 5 ℃/min 升温到 200 ℃,在此温度下保持 3 h,以保证完成烯丙基醚的 Claisen 重排(重排完成可以用 ^{1}HNMR 表征,重排前每个酚环 3 个质子、重排后每个酚环 2 个质子)。

③ 冷却到室温后得到粘度变大的树脂,即为烯丙基酚醛树脂(烯丙基在酚环的对位)。

(4) 烯丙基醚酚醛树脂和烯丙基酚醛树脂的流变性和热固化性的表征

① 在毛细管流变仪上(RT－200 ℃,3 ℃/min,1 Hz)测试烯丙基醚酚醛树脂的剪切粘度随温度的变化,观察树脂粘度(或剪切应力)先下降,经历一个平台期,然后急速升高的变化过程,体会热固化过程树脂分子量的急剧增大对于树脂粘度的影响。

② 对于热重排后的烯丙基酚醛树脂,按照与步骤①相同的程序进行流变性能的表征。注意对比烯丙基酚醛树脂与烯丙基醚酚醛树脂的流变曲线和低温粘度有何差异。

③ 在差示扫描量热分析仪(DSC)上测试烯丙基醚酚醛树脂的升温差热曲线(取样 5 mg，氮气保护、流量为 50 mL/min，测试温度区间为 30～400 ℃)，注意观察其在 200～250 ℃ 的 Claisen 重排放热峰和 300～330 ℃ 的双键聚合放热峰。

④ 对于热重排后的烯丙基酚醛树脂，按照与步骤③相同的程序测量升温差热曲线，注意观察其不存在 Claisen 重排放热峰，仅有在 300～330 ℃ 的双键聚合放热峰。

五、思考题

1. 高邻位酚醛树脂与一般热塑性酚醛树脂在分子链结构上有什么区别？为什么前者用乌洛托品固化时凝胶时间更短？

2. 酚醛树脂与活泼卤代烃发生醚化反应，为什么需要碱催化？

3. 高邻位酚醛烯丙基醚树脂的 Claisen 重排为什么需要在高温下进行？重排主要产物为什么是对位烯丙基？

4. 烯丙基醚酚醛树脂重排得到烯丙基酚醛树脂，为什么粘度上升？为什么更容易被碱液溶解？

5. 烯丙基醚酚醛树脂和烯丙基酚醛树脂的热固化温度为什么很高？

综合实验 6　通过 ene 加成反应制备耐高温烯丙基改性双马来酰亚胺

一、实验目的

1. 采用 ene 加成反应以烯丙基醚酚醛改性双马来酰亚胺，制备航空级耐高温复合材料基体树脂。

2. 掌握评价聚合物耐高温性能的方法：玻璃化转变温度 T_g 和热分解温度 T_{d5}。

3. 了解航空复合材料基体热固性树脂对于成型工艺性的要求。

二、实验原理

双马来酰亚胺树脂是重要的航空耐热复合材料基体，但二苯甲烷型双马来酰亚胺单体是熔点高达 150 ℃ 的固体，不适合聚合物基复合材料成型对热固性树脂的要求：室温粘胶状，加热流变性好，固化温度＜250 ℃，而且双马来酰亚胺单体固化后很脆，玻璃化温度仅为 250 ℃。为此需要对双马来酰亚胺单体进行改性，改善其流变性，以及提高其耐热性和力学性能。

双酚 A 二烯丙基醚化合物是粘度很稀的液体，北京航空工程制造研究所和西北工业大学等单位用其对二苯甲烷型双马来酰亚胺单体进行改性，制备了复合材料成型工艺性良好的热固性树脂，适合预浸料和热压罐工艺；复合材料的耐湿热性也不错，玻璃化温度可到 220～250 ℃。为了进一步提高耐热性，中科院化学所等单位采用烯丙基醚化酚醛树脂改性双马来酰亚胺单体，不仅双马来酰亚胺的用量大大减少，固化材料的玻璃化温度提高到 300 ℃ 以上。而炔丙基醚化酚醛树脂对双马单体的改性树脂，可将玻璃化温度提高到 350 ℃ 以上。近几年对双马来酰亚胺单体的新型改性剂的研究，着重于对改性双马树脂成型工艺性、材料耐热性和材料力学性能等方面的逐步改进和提高。

如综合实验 5 中所述,酚醛树脂在碱催化下与烯丙基氯或烯丙基溴反应可以制备烯丙基醚酚醛树脂,与双马来酰亚胺树脂通过 ene 加成反应可以预聚制备适合高性能复合材料基体的耐高温双马来酰亚胺树脂(如图 5 - 10)。

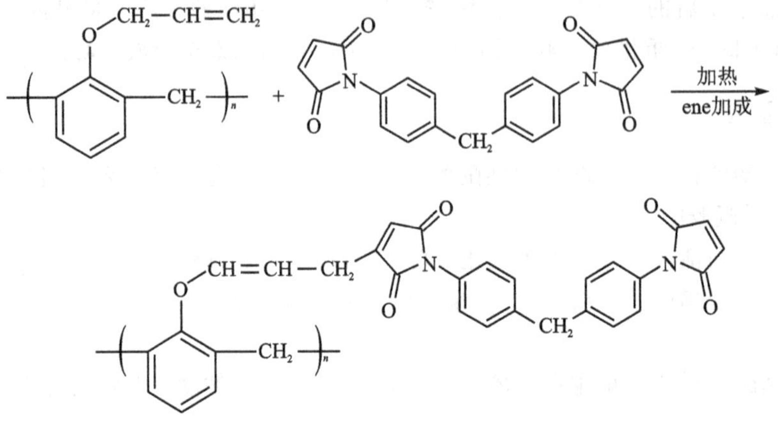

图 5 - 10　烯丙基醚酚醛树脂与双马来酰亚胺预聚合成高性能双马树脂

　　烯丙基酚醛改性双马来酰亚胺树脂在加热固化时,还会发生 Claisen 重排得到对位取代的烯丙基酚醛树脂,所以一般先重排后共聚。烯丙基重排到苯环上后,酚羟基再生,由于酚羟基氢键的作用,使重排后树脂固化后的内聚力增加,有利于材料的强度和抗蠕变性能。热固化不需要任何引发剂,发生的聚合反应主要包括 :① 马来酰亚胺双键和烯丙基双键的交替共聚(二者双键的电子云差别明显,前者缺电子,后者富电子);② 马来酰亚胺双键的自聚合;③ 烯丙基双键的自聚合;④ Diels - Alder 环化反应。所以烯丙基改性双马来酰亚胺树脂的交联结构非常复杂,形成高度交联的固化结构,提高双马来酰亚胺的耐热性。

　　烯丙基酚醛改性双马来酰亚胺树脂(BMI)具有优异的耐热性、电绝缘性、透波性、耐辐射、阻燃性、较高的力学性能和尺寸稳定性,成型工艺类似于环氧树脂,作为先进复合材料的树脂基体、耐高温绝缘材料和胶粘剂等,广泛应用于航空、航天、机械、电子等工业领域中。

三、实验试剂与仪器

(1) 主要试剂

烯丙基醚化酚醛树脂(综合实验 5)、二苯甲烷型双马来酰亚胺(BDM)。

(2) 主要仪器

恒温油浴、电磁搅拌器、氮气球胆、温度计(200 ℃)、三口烧瓶(150 mL)、烧杯(20 mL)、吸管、凝胶时间测定仪(GT - 2)、差示扫描量热分析仪(ZCT - A)、热重分析仪(STA - 409)。

四、实验步骤

(1) 烯丙基醚酚醛与双马来酰亚胺单体的高温加成

　　① 取综合实验 5 中的烯丙基醚酚醛树脂 30 g 在电热鼓风烘箱中以 80 ℃稍微加热变稀,放入三口烧瓶中,用充氮气球胆保护,加热到 150 ℃。

　　② 在剧烈电磁搅拌下,分批加入双马来酰亚胺粉末,在 1 h 内加完,总共 15 g,继续反应 1 h 后开始取样,在丙酮中试溶解,直到试样溶解在丙酮中为止,大约需要 3 h,此改性双马树

脂标记为 BMI1 - 0.5。

③ 在剧烈电磁搅拌下,分批加入双马来酰亚胺粉末,在 1 h 内加完,总共 30 g,继续反应 1 h 后开始取样,在丙酮中试溶解,直到试样溶解在丙酮中为止,大约需要 3 h,此改性双马树脂标记为 BMI1 - 1。

④ 冷却到室温后得到粘度很稠的树脂,即为烯丙基酚醛改性双马树脂,是棕红色透明粘胶。

(2) 烯丙基酚醛改性双马树脂热固化性的表征

① 在差示扫描量热分析仪(DSC)上测试烯丙基酚醛改性双马树脂的升温差热曲线(取样 5 mg,氮气保护、流量为 50 mL/min,测试温度区间为 30～400 ℃)。注意观察其在 200～250 ℃的 Claisen 重排放热峰和 220～300 ℃的固化放热峰,比较 BMI1 - 0.5 和 BMI1 - 1 热固化温度的差别,了解改性树脂体系里双马含量的多少对固化温度的影响。

② 同时取 1 g 左右烯丙基酚醛改性双马树脂,采用平板小刀法(在凝胶时间测定仪上)测定 200 ℃时的凝胶时间,平行测定 3 次取其平均值。比较 BMI1 - 0.5 和 BMI1 - 1 凝胶时间的差别,了解改性树脂体系里双马含量的多少对凝胶时间的影响。

(3) 烯丙基酚醛改性双马树脂耐热性能的表征

本实验用烯丙基酚醛改性双马树脂浸渍碳纤维丝束,在 250 ℃固化 2 h 后作为测试试样,在 NBW - 500 型动态力学扭辫分析仪上测试储能模量或损耗模量或损耗因子与温度的关系曲线,从而得到树脂的玻璃化转变温度 T_g。用固化后的烯丙基酚醛改性双马树脂,在热重分析仪上测试热分解温度 T_{d5}(失重 5%时的温度)。

① 用 3K 碳纤维丝束浸渍烯丙基酚醛改性双马树脂的 50%丙酮溶液,充分浸透后,在烘箱中热固化(250 ℃,2 h),降到室温备用,分别制备两种试样,对应 BMI1 - 0.5 和 BMI1 - 1。

② 将做好的固化丝束固定在扭辫分析仪的试样架上,按照操作程序进行测试(3 ℃/min,1 Hz,RT - 200 ℃)。

③ 在曲线上求出以储能模量下降温度值代表的玻璃化转变温度,在曲线上求出以 tan δ (损耗角正切值)峰值代表的玻璃化转变温度。对比 BMI1 - 0.5 和 BMI1 - 1 玻璃化温度的差别,了解改性树脂体系里双马含量的多少对玻璃化温度的影响。

④ 将热固化后的烯丙基酚醛改性双马树脂,取 5～10 mg 置于热重分析仪(TGA)坩埚中,按照如下程序升温测试其热分解温度(RT - 900 ℃,氮气保护、流量为 50 mL/min)。对比 BMI1 - 0.5 和 BMI1 - 1 热分解温度 T_{d5} 的差别,了解改性树脂体系里双马含量的多少对热分解温度的影响。

五、思考题

1. 查阅有机化学教材,画出烯丙基醚与马来酰亚胺双键进行 ene 加成时的过渡态,理解为什么加成产物烯丙基双键移位?

2. 烯丙基酚醛改性双马来酰亚胺后,固化机理变得复杂,但固化温度大大降低(相比于烯丙基的固化温度 330 ℃),形成了高度耐热的固化结构,试问大概存在哪些固化反应?

3. 丁香酚可以作为烯丙基化合物用来改性双马来酰亚胺单体吗?

附　　录

附录 A　常用仪器操作规程

一、电子天平

① 称量前先明确天平的量程及精度范围。

② 使用天平者在操作过程中必须要小心谨慎,做到轻放、轻拿、轻开、轻关,不要碰撞操作台,读数时不能碰触操作台。

③ 接通电源,仪器预热 10 min。

④ 短暂地轻按 ON 键,天平进行自动校正,待稳定后,即可开始称量。

⑤ 轻轻地向后推开右边玻璃门,放入容器或称量纸(试样不得直接放入称量盘中),天平显示容器重量,待显示器左边"0"标志消失后,即可读数。

⑥ 短暂的按 TARE 键,天平回零。

⑦ 放入试样,待天平显示稳定后,即可读数。

⑧ 重复步骤⑤～⑦,可连续称量。

⑨ 轻轻地按 OFF 键,显示器熄灭,关闭天平。

二、电　炉

① 检查各接头是否接触良好。

② 如用变压器调节加热时,应根据电炉规格选择变压器,线路不能接错。

③ 刚接上电源时,电炉逐渐变红,否则应立即切断电流进行检查。

④ 加热时,玻璃器皿不能与电炉直接接触,需放上石棉网,金属容器不能与电炉丝直接接触,以免漏电。

⑤ 使用时不得将液体溅到红热的电炉丝上。

三、烘　箱

烘箱一般用来干燥仪器和药品,用分组电阻丝组进行加热,并有鼓风机加强箱内气体对流,同时排出潮湿气体,以热电偶控制箱内温度。

使用步骤:

① 检查电源(单相 220 V),并检查温度计的完整和各指示器、调节器处于零位。

② 把烘箱的电源插头插入电源插座。

③ 顺时针方向转动分组加热丝旋钮,同时顺时针方向转动温度计调节旋钮,红灯亮表示加热。

④ 将达到所需的温度时,把调节器逆时针转到红灯忽亮忽灭处,10 min 左右看温度是否

达到要求,可用温度调节器进行调节,调到所需的温度为止。

⑤ 烘箱用完后,将温度调节器的旋钮逆时针方向转动到零处,同时把分组加热旋钮调到零,切断电源。

注意事项：

① 使用前必须仔细检查电源、各调节器旋钮的位置。

② 严禁将含有大量水分的仪器和药品放进箱内。

③ 易燃、易爆、强腐蚀性及剧毒药品不得放入烘箱内烘干。

④ 温度不得超过烘箱规定的使用温度。

⑤ 用完后必须把各旋钮调回到零,再切断电源。

⑥ 要求绝对干燥的仪器和药品,应该在箱内温度降到室温才可取出。

⑦ 使用温度要低于药品的熔点、沸点。

⑧ 药品等撒在箱内时,必须及时处理,打扫干净。

四、调压器

① 必须根据用电功率的大小选用合适的调压器,选择调压器的原则是调压器的功率大于或等于用电的功率。

② 电源电压必须与调压器输入端相同,绝不能将 220 V 电源接到 110 V 上。

③ 必须正确连接调压器的输入端和输出端。严禁反接,以防调压器烧坏,线路接好后,将手柄指针处于零处。

④ 使用之前,需经教师检查才可接通电源。

⑤ 调压时速度要慢,逐渐增加到所需电压,手柄指针达到最低点和最高点时,不可用力过猛,使用过程中如发现严重的发热现象应停止使用。

⑥ 使用完毕,将指针转调回到零处,再切断电源。

五、搅拌马达

① 使用马达调节转速时,开始用手帮助慢慢启动马达,当搅拌转动时,速度从小到大逐渐增大,绝不能一下子转速就很大,否则会损坏仪器。

② 根据实验所需选择适当的转速,不要时快时慢。

③ 使用时,若发现马达发烫,应立即停止使用,马达转动时间不宜过长,一般为 5～6 h。

④ 马达应置于干燥的地方保存。

六、恒温槽

在高分子化学实验中,大多数须在恒温条件下进行。工作温度为 0～100 ℃时,为保持恒温,通常采用一个可以搅拌的配有加热器、继电器、水银导电表及温度计等设备的水槽。

一般恒温水槽的主要仪器有水银导电表和继电器两种。

（1）水银导电表

利用水银导电表通过继电器来控制加热器的工作。水银导电表的精确度直接影响温度的恒定(温度的恒定还与继电器的灵敏性、加热器功率大小以及水槽内搅拌的效果等因素有关)。

水银导电表工作原理:导电表上的电线可与加热器并联,在水槽的温度还没有达到工作温度时(水银导电表已粗调到合适点),由于水银导电表下部的指示温度的水银没有与导电表上面反应所需温度的铂丝相接,故水银导电表这条线路是断开的,而与水银导电表并联的加热器照常工作。温度升高时,导电表下端的水银渐渐上升,当水银面与上面的铂丝相接后,导电表电路电阻小于加热器的电阻。故导电表开始通电,而加热器停止工作。此时再细心调节水银导电表上部的磁铁,控制到所需要的温度。水槽的温度可通过精密温度计(1/10 ℃)直接读出。

使用导电表的注意事项:

① 使用时导电表要垂直固定好,位置合适,以防打破。

② 恒温水槽停止工作时,导电表不要马上取出,应在水中慢慢冷却到室温。

③ 放置时不能振动和倒置,防止水银中有小气泡出现而影响精度。

④ 调节上部磁铁时,动作要慢,以免影响调节的准确及防止把铂丝调得过高而使导电表失灵。

(2) 继电器

继电器操作的注意事项:

① 定期检查继电器的灵敏性和指示灯的正常情况。

② 继电器的正常工作与加热器功率的大小都有关系,故选择一个合适的加热器很重要。

③ 继电器的工作时间不宜过长,一次不要超过 5～6 h。

恒温水槽使用说明:

① 依次把加热器、导电表、搅拌器、温度计等放入恒温缸内的适当位置。

② 导电表、加热器接入继电器,接好后,经检查后方可接电源。

③ 水槽内先加入一部分冷水,再慢慢加入热水,以免缸体突然受热而破裂。待温度达到所需温度时,调节导电表,使温度恒定后即可使用。

④ 根据所需温度选取不同的热源,如所需温度较低时(25～30 ℃),可直接用 100 W 或 200 W 灯泡作热源。在温度较高时,为保持水槽的温度,尚需采用一定的保温措施。

⑤ 注意水浴的搅拌使水对流和保持温度均匀。

七、循环水真空泵

真空泵是用来形成真空的有效方法,循环水真空泵是以循环水为工作流体,利用流体射流技术产生负压而进行工作的一种真空抽气泵,常用作真空蒸馏、真空干燥等。

使用规程:

① 将进水口与水管连接。

② 加水至水位浮标指示位,接上电源。

③ 将实验装置套管接在真空吸头上,启动工作按钮,指示灯亮,即开始工作,一般循环水真空泵配有两个并联吸头(各装有真空表),可同时抽气使用,也可使用一个。

八、真空蒸馏装置

① 安装真空蒸馏的仪器时,必须选择大小合适的橡皮塞,最好选用磨口真空蒸馏装置。

② 蒸馏液内含有大量的低沸点物质,须先在常压下蒸馏,使大部分低沸点物蒸出,然后用水泵减压蒸馏,使低沸点物除尽。

③ 停止加热,回收低沸物,检查仪器各部分连接情况,使之密合。

④ 开动油泵,再慢慢关闭安全阀,并观察压力计压力是否到达要求,如达不到要求,可用安全阀进行调节。

⑤ 待压力达到恒定合乎要求时,再开始加热蒸馏瓶,精馏单体时,应在蒸馏瓶内加入少许沸石(一般使用油浴,其温度高于蒸馏液沸点的 20～30 ℃,难挥发的高沸点物在后阶段可高 30～50 ℃)。

⑥ 蒸馏结束,先移去热源,待稍冷些,再同时逐渐打开安全活塞,等压力计内水银柱平衡下降时,停止抽气,等系统内外压力平衡后,拆下仪器洗净。

附录 B　常用加热方法和冷却方法

一、常用加热方式

实验室常用的加热方式有:

① 恒温浴槽,可以智能控温,通常带有电磁搅拌,加热介质可以选用表 B.1 中的化学品(挥发性低、无毒或低毒、价格较低;目前一般选用安全无毒耐高温的硅油,甲基硅油适用 200 ℃以下,而苯基硅油适用 300 ℃以下)。该加热方式反应烧瓶受热均匀,同时便于实验者观察玻璃烧瓶中的现象。恒温浴槽可以外循环,加热双层玻璃反应瓶、粘度计或阿贝折光仪等设备。

表 B.1　常用的加热介质(1 atm 下的沸点)

名　称	沸点/℃	名　称	沸点/℃	名　称	沸点/℃
水	100	十氢化萘	190	二缩三乙二醇	282
正丁醇	118	乙二醇	197	丙三醇	290
氯苯	133	四氢化萘	206	甲基硅油	200(适用温度)
邻二氯苯	179	一缩二乙二醇	245	苯基硅油	300(适用温度)

② 电热包,电炉丝被绝缘隔热玻璃棉保护并形成圆形的凹槽,便于将玻璃烧瓶置于其中受热。一般可以自动控温,也可以将控温热电偶插入烧瓶内反应液中,达到智能控温的目的。

③ 沙浴或盐浴,一般用于很高温度的反应,砂子或细盐被翻腾保持温度均匀,反应器置于其中,一般采用金属材质反应器。

④ 酒精灯加热,目前一般不再采用,但在进行玻璃工操作时偶尔会用到,比如毛细管封口、拉毛细管和弯管。

⑤ 电吹风,一般用于临时性地对烧瓶等器皿进行烘烤加热,不会用于长时间和温度恒定的加热。

二、常用冷却方式

实验室常用的冷却方式有:

① 比较传统的冷却方式是冰盐水浴,如表 B.2 所列,不同的配方可以达到不同的冷却温

度。该方法的好处是简便易行,缺点是需要不断更换新的冰和盐。

表 B.2　常用的冷却介质

冷却剂配方	冷却温度/℃
冰＋水	0
冰 100 份＋氯化铵 25 份	−15
冰 100 份＋氯化钠 33 份	−21
冰 100 份＋氯化钠 40 份＋氯化铵 20 份	−25
冰 100 份＋氯化铵 13 份＋硝酸钠 37 份	−31
冰 100 份＋碳酸钾 33 份	−46

② 干冰浴或液氮浴也是常用的极低温冷却方式,通常搭配低熔点有机溶剂使用,如表 B.3 所列。

表 B.3　常用的极低温冷却介质

冷却剂配方	冷却温度/℃
干冰＋乙醇	−78
液＋乙醇	−78
液氮	−96

③ 低温冷却泵是目前普遍采用的,利用冰箱的制冷原理,将其中的冷却介质降温,可以提供烧瓶冷却环境,也可以外接循环将冷媒输出冷却其他设备(如冷凝管、双层反应瓶和冷阱等)。低温冷却泵有多个型号可以选择,最低可以冷却到−100 ℃以下,常见的可以冷却到−50～−20 ℃。

附录C　常见单体的精制

连锁聚合的单体包括乙烯基单体和活泼环体,逐步聚合的单体则包括可相互反应的多官能团化合物。下面仅介绍常见乙烯基单体的性质和精制方法,其他单体的性质和精制方法可以查阅试剂手册。

一、甲基丙烯酸甲酯(MMA)的精制

MMA 是无色透明的液体,沸点为 $100.3\sim100.6$ ℃,相对密度 d^{20} 约为 0.937。商品 MMA 因为含有少量对苯二酚而显淡黄色。

MMA 常含有阻聚剂对苯二酚,在实验前需进行蒸馏,收集 100 ℃的馏分,可以得到适合自由基聚合的 MMA 单体。

取 150 mL 甲基丙烯酸甲酯置于 250 mL 分液漏斗中,用 10%氢氧化钠溶液洗涤,直到无色,用去离子水洗至中性,用无水硫酸钠干燥,在氢化钙存在下减压蒸馏,得到适合阴离子聚合的 MMA 单体。

二、苯乙烯(St)的精制

苯乙烯为无色或浅黄色透明液体,沸点为 145.2 ℃。相对密度 d^{20} 约为 0.906 0,折光率 n^{20} 为 1.546 9,为防止储存和运输过程中的自聚加入阻聚剂对苯二酚等。

用于自由基聚合的苯乙烯对于纯度要求低一些,精制方法如下:首先取 150 mL 苯乙烯置于分液漏斗中,用 5% NaOH 溶液反复洗到无色(每次用量 30 mL),再用去离子水洗涤到水层呈中性为止,用无水硫酸钠干燥。干燥后的 St 加到 250 mL 蒸馏瓶中进行减压蒸馏,收集 44~45 ℃/20 mmHg 或 58~59 ℃/10 mmHg 馏分。

阴离子聚合的苯乙烯对于纯度的要求更高,精制方法如下:取 150 mL St 置于分液漏斗中,用 5% NaOH 溶液反复洗到无色(每次用量 30 mL),再用去离子水洗涤到水层呈中性为止,用无水硫酸钠干燥,最后用 4Å 和 5Å 分子筛浸泡一周。在氢化钙存在下进行减压蒸馏,注意蒸馏时要有氮气保护。

三、乙酸乙烯酯(VAC)的精制

乙酸乙烯酯又称醋酸乙烯酯,是无色透明液体,沸点为 72.5 ℃,相对密度 d^{20} 为 0.937,可与醇类互溶,在水中溶解度可达 2.5%,属于水溶性较高的单体。VAC 单体一般含有阻聚剂。由于 VAC 中含有杂质较多,对聚合反应有影响,因此在聚合前要进行蒸馏。

乙酸乙烯酯的一般精馏方法如下:取 100 mL 乙酸乙烯酯放在 250 mL 分液漏斗中,用 20% 碳酸钠溶液洗涤 4 次,每次用量 50 mL,然后用去离子水洗涤至中性,分液后乙酸乙烯酯用无水硫酸钠或 4Å 分子筛干燥过夜。在蒸馏时为防止爆聚及自聚,在蒸馏瓶中加入少量对二苯酚及沸石,收集 72~73 ℃的馏分。

四、丙烯腈(AN)的精制

丙烯腈是合成腈纶、丁腈橡胶等的重要单体,纯净的 AN 是无色液体,沸点为 77.3 ℃,相对密度 d^{20} 为 0.806 1。丙烯腈毒性较大,精制操作需要在通风橱或者在氮气保护的密闭条件下进行,避免呼吸或接触。

丙烯腈的精制方法如下:取 100 mL AN 加入 250 mL 烧瓶中,用无水氯化钙干燥过夜,滤除氯化钙后,加入几滴高锰酸钾溶液,加装分馏装置进行分馏,收集 77~77.5 ℃的馏分。精制后的丙烯腈密闭避光保存,及时使用。

附录 D　常见引发剂的精制

引发剂的精制主要指自由基引发剂,如过氧化苯甲酰、偶氮二异丁腈、过硫酸铵等。阳离子聚合引发剂多为 Lewis 酸和质子酸,在使用前需要除湿处理。而阴离子聚合引发剂多为强碱或有机金属化合物,对空气和湿气敏感,一般现用现制。

下面是几种常见自由基引发剂的精制方法和几种用于阴离子聚合的有机金属化合物的制备方法。

一、过氧化苯甲酰(BPO)的精制

BPO 是白色结晶性固体粉末,熔点为 103～106 ℃,加热分解,溶于丙酮、甲苯、四氢呋喃等,受热受撞击易爆炸。

BPO 的精制采用重结晶法:室温下,将 5 g BPO 加入 20 mL 氯仿中搅拌溶解形成过饱和溶液,将未溶物过滤掉,将滤液滴加到冷却的乙醇中(用低温浴将乙醇冷却到—15 ℃),得到白色针状结晶。用布氏漏斗抽滤得到结晶,用冷乙醇洗涤滤饼,充分抽干。将抽干滤饼置于真空干燥箱中抽真空充分去除挥发份,放在干燥器中备用。

二、偶氮二异丁腈(AIBN)的精制

AIBN 为白色结晶,有毒,熔点为 102～104 ℃,易溶于乙醇、四氢呋喃、甲苯等。

AIBN 精制时采用热溶液冷却重结晶法。在回流煮沸的 95% 乙醇中逐批依次加入 AIBN,并搅拌使其快速溶解,直至有不溶物时为止。趁热在热漏斗上抽滤,滤液冷却(室温放置后再放在—15 ℃冰箱中放置 6 h)后得到白色结晶物。将以上结晶物快速抽滤后,在真空烘箱中抽至干燥,放在棕色试剂瓶中冷藏备用。

三、过硫酸铵的精制

过硫酸铵是常用的水性自由基引发剂,用于乳液聚合,相对密度为 1.982,溶于水,有强氧化性。

在过硫酸铵中主要杂质为硫酸氢铵,可用少量水反复重结晶。将过硫酸盐在 40 ℃溶解过滤,滤液用冰冷却,过滤出结晶,并以冰冷水洗涤。用 $BaCl_2$ 溶液检验无 SO_4^- 为止,将白色柱状或板状结晶置于真空干燥器中干燥,称量,并在棕色瓶中低温备存。

四、正丁基溴化镁的制取

将三口烧瓶、回流冷凝管和搅拌用磁子和其他器皿干燥处理。在氮气保护下加入 200 mL 四氢呋喃(事先除水),将打磨好的镁条 2.4 g 剪碎加入,加入一粒碘。稍微加热烧瓶,向其中滴加两滴正丁基溴(溶于四氢呋喃)引发,反应较剧烈,放热,碘的颜色退去。继续滴加正丁基溴 13.7 g,反应放热自动保持微沸,加完后继续反应 1 h,得到灰白色溶液,冷却后氮气保护下备用,注意现用现做。

五、萘锂的制取

萘锂引发剂是一种双阴离子引发剂,一般现用现做。在高纯干燥氮气保护下,向精制 50 mL THF 中加入锂粒 1.5 g,开始搅拌,在冰水浴条件下,滴加萘 15 g(溶解在 20 mL THF 中),溶液逐渐变为暗绿色。反应 2 h 后锂粒溶解,形成均匀溶液。

六、乙醇钠的制取

乙醇钠常用作开环聚合的阴离子引发剂,为白色或微黄色吸湿性粉末,在空气中易分解,贮存中易变黑,溶于无水乙醇而不分解。乙醇钠易燃,有腐蚀性,一般使用乙醇钠的乙醇溶液。

乙醇钠乙醇溶液的制备,较大量制备采取氢氧化钠反应法:将固体氢氧化钠溶于乙醇和纯

苯溶液中,加热回流,通过塔式反应器连续反应脱水,塔顶蒸出苯、乙醇和水的三元共沸混合物,塔底得到乙醇钠的乙醇溶液。少量制备多采用金属钠法:向无水乙醇中逐次加入钠片或钠丝,搅拌反应完全即可,注意将反应生成的氢气及时排除。

附录E　常见溶剂的性质和精制

聚合反应的溶剂一般选用混合溶剂,可以根据溶剂和聚合物的溶度参数估计并尝试。在直接使用聚合物溶液的情况,比如胶粘剂和涂料,溶剂要做到价廉低毒。

下面是几种常见的有机溶剂的性质和精制方法。

一、正己烷

正己烷是无色液体,有汽油气味,密度为 0.779 g/cm³,沸点为 80.7 ℃,易燃烧、易挥发,爆炸极限为 1.3%~8.3%。环己烷不溶于水,与苯、乙醇、丙酮等混溶。

正己烷中的微量苯可用硝化法除去:用冷的浓硫酸和硝酸混合酸洗涤数次,然后水洗至中性。用无水氯化钙干燥后,再用 4Å 分子筛干燥过夜。

如果用作离子聚合的溶剂,则需要深度除水。将分子筛浸泡后的正己烷中加入钠片(深度除水至二苯甲酮变蓝),在钠片存在下保存备用。

二、石油醚

石油醚是汽油分馏的馏分,常用的是 30~60 ℃和 60~90 ℃的石油醚,无色液体,相对于正己烷是价格较为低廉的溶剂。

石油醚除水时,先用分子筛干燥一周,再压入钠丝或切入钠片,以除去微量水分,使用前用高纯氮气吹扫。

三、甲　苯

甲苯是无色液体,相对密度为 0.866,沸点为 110 ℃。甲苯不溶于水,与苯、四氢呋喃、乙醇和丙酮互溶。甲苯中的杂质主要是甲苯噻吩,用浓硫酸将噻吩磺化提取到酸液中,洗涤到酸层无色为止(用靛红-浓硫酸检验噻吩的存在与否,噻吩使其显蓝色)。分液后的甲苯用碳酸钠溶液中和,用水洗涤至中性;用无水硫酸钠干燥处理后,蒸馏得到甲苯。

若用于离子聚合,则在无水硫酸钠干燥后,再用钠片进一步处理,在氮气保护下保存。

四、四氢呋喃

四氢呋喃 THF 是常用的 Lewis 碱溶剂,沸点为 66 ℃,有乙醚的气味,无色有挥发性。与水和大多数有机溶剂互溶,长时间放置可以与空气形成爆炸性过氧化物。四氢呋喃可以加入少量固体氢氧化钠干燥除水(不能用氯化钙),加入少量氢化钙深度除水,然后减压蒸馏。

若用于阴离子聚合的溶剂,或者作为开环聚合的单体,需要进一步去除水分达到绝对无水。在四氢呋喃中加入钠丝或钠片,氮气保护下回流处理,直到二苯甲酮指示剂变蓝,然后蒸馏得到绝对四氢呋喃。

五、氯　仿

氯仿为无色透明液体,相对密度为 1.49,沸点为 61.2 ℃,微溶于水,易溶于甲苯、四氯化碳、石油醚和四氢呋喃等有机溶剂。使用前需要去除含有的乙醇稳定剂,先用浓硫酸与乙醇形成氧鎓盐,再用水洗出大部分酸,用碳酸氢钠溶液中和,用去离子水洗涤中性,用氯化钙干燥过夜,经蒸馏得到精制氯仿,精制的氯仿应存放在棕色瓶中避光保存。

特别注意氯仿不能与强碱共放,以免发生危险。

六、四氯化碳

四氯化碳是有毒性的无色液体,相对密度为 1.595,沸点为 76.8 ℃,微溶于水,易溶于乙醇、四氢呋喃和甲苯等有机溶剂。

四氯化碳中的主要杂质是二硫化碳,纯化方法如下:四氯化碳 100 mL、氢氧化钾溶液 100 mL(10％浓度)、乙醇 20 mL 混合在一起后振荡摇匀;分液后用水洗,用浓硫酸洗至无色,再用去离子水洗至中性。用无水氯化钙干燥后,蒸馏即得精制四氯化碳。四氯化碳经常用作自由基聚合的分子量调节剂。

七、乙　醇

乙醇在常温常压下是一种易燃、易挥发的无色透明液体,低毒性,纯液体不可直接饮用,具有特殊香味,并略带刺激,微甘并伴有刺激的辛辣气味。与水互溶,与氯仿、乙醚、甲醇、丙酮和其他多数有机溶剂混溶,相对密度为 0.816,沸点为 78 ℃。

乙醇中的杂质主要是乙醛和水,先用无水硫酸钠除水(或将乙醇与镁粉在氮气保护下共热以除水),然后加入硝酸银和氢氧化钾,搅拌加热微沸使乙醛氧化为乙酸钾,最后蒸馏精制无水乙醇。

八、丙　酮

丙酮是一种无色透明液体,有特殊的辛辣气味,易溶于水和甲醇、乙醇、乙醚、氯仿、吡啶等有机溶剂,相对密度为 0.784 5,沸点为 56.5 ℃。

普通丙酮常含有少量的水及甲醇、乙醛等还原性杂质。其纯化方法如下:于 250 mL 丙酮中加入 2.5 g 高锰酸钾回流,若高锰酸钾紫色很快消失,则再加入少量高锰酸钾继续回流,至紫色不褪为止。然后将丙酮蒸出,用无水碳酸钾或无水硫酸钙干燥,过滤后蒸馏,收集 55～56.5 ℃的馏分。

附录 F　常见聚合物的精制

溶解沉淀法是一种精制聚合物的最古老的,也是应用最广泛的方法,将聚合物溶解于溶剂中,然后加入对聚合物不溶而与溶剂能混溶的沉淀剂,以使聚合物再沉淀出来。

选择沉淀剂的原则是希望它能够溶解全部的杂质。

聚合物溶液的浓度、混合速度、混合方法、沉淀时的温度等对于所分离出聚合物的外观影响很大,如果聚合物溶液浓度过高,则溶剂和沉淀剂的混合性较差,沉淀物成为橡胶状。而浓度过低时,聚合物又成为微细粉状,分离困难。为此,需选择适当的聚合物浓度。同时,沉淀过程中还应注意搅拌方式和速度。

在沉淀中,沉淀剂一般用量为溶液的5~10倍。聚合物中残留的溶剂和沉淀剂可以用真空干燥法除去,但需要时间较长。

下面简单介绍几种聚合物的精制法。

一、聚苯乙烯(PS)的精制

PS的溶剂很多,如苯、甲苯、丁酮、氯仿等,而沉淀剂常用甲醇或乙醇。

将3 g PS溶于200 mL甲苯中,离心分离除去不溶性杂质。在玻璃棒搅拌下,慢慢地将聚合物溶液滴加至1升甲醇中,聚苯乙烯为粉末状沉淀。放置过夜,倾出上层清液,用玻璃砂芯漏斗过滤,吸干甲醇,于室温1~3 mmHg真空下干燥24 h。

二、聚甲基丙烯酸甲酯(PMMA)的精制

PMMA采用的溶剂-沉淀剂组合为:苯-甲醇、氯仿-石油醚、甲苯-二硫化碳、丙酮-甲醇、氯仿-乙醚。甲基丙烯酸甲酯溶液或本体聚合的产物常直接注入甲醇中,使聚合物沉淀出来,或者先把聚合物配成2%的苯溶液,再加到大大过量的甲醇中,使其再沉淀,将沉淀物在10 ℃下真空干燥,再溶解沉淀,反复操作两次,以除去全部杂质。

三、聚乙酸乙烯(PVAc)的精制

PVAc的软化点低,粘性大,又对引发剂(或者分解后生成物)及溶剂的溶解度很大,所以杂质很难除去。在提纯PVAc时,常用丙酮或甲醇的聚合物溶液,加到大量水中沉淀;苯的聚合物溶液加到乙醚或甲醇溶液,加到二硫化碳或环己烷中沉淀等。

对于溶液聚合物,当转化率不大时(50%以下),可以在加入阻聚剂的丙酮溶液后倒入石油醚中,更换二次石油醚以后,放入沸水中煮,当转化率更高时,则可以直接放在冷水中浸泡一天,然后在沸水中煮,或者用丙酮溶解,将其溶液加到水中沉淀。也可在反应完毕后,将聚合物用冰冷却,然后减压抽去单体及溶剂,残余物再溶解,进行沉淀处理。

四、热塑性酚醛树脂(Novolac)的精制

热塑性酚醛树脂的平均聚合度虽然不大,仅仅为4~10,但由于分子间氢键导致其软化点偏高。热塑性酚醛树脂的杂质主要是残余苯酚和催化剂草酸,或中和催化剂酸时形成的盐。

将10 g酚醛树脂溶解在100 mL甲苯中,加入30 mL 20%碳酸钠溶液洗涤三次;分液后用去离子水洗涤至中性,在洗涤水相中滴加一滴硝酸银溶液,没有白色沉淀后将甲苯溶液真空蒸馏除去甲苯,得到纯化的热塑性酚醛树脂。

一般应用时酚醛树脂不用精制,但在酚醛树脂用作微电子材料上时提纯是必要的,在对小分子挥发份要求严格的场合也是要精制的。

附录 G　高分子表征技术一览表

高分子表征技术一览表见表G.1。

表 G.1 高分子表征技术一览表

高分子类别		性能或参数	表征技术
热塑性高分子		软化点	环球法测软化点或熔点
		官能团	红外光谱（FT－IR）
		元素组成	有机元素分析仪（EA）
		分子结构	核磁共振谱（^{1}H、^{13}C）
		分子量及其分布	凝胶渗透色谱（GPC） 软电离质谱
		流变性	毛细管流变仪
热固性高分子	预聚物	运动粘度	旋转粘度计
		官能团	红外光谱（FT－IR）
		元素组成	有机元素分析仪（EA）
		分子结构	核磁共振谱（1H、13C）
		分子量及其分布	凝胶渗透色谱（GPC） 软电离质谱
		流变性	锥板或平板流变仪
		热固化	差示扫描量热法（DSC）
		凝胶时间	平板小刀法
	固化物	残炭率	热重分析（TGA）
		玻璃化转变温度	动态热机械分析仪（DMA）
		力学性能	万能力学试验机
		阻燃性	极限氧指数法（LOI）

参考文献

[1] 何卫东. 高分子化学实验[M]. 2版. 北京：中国科学技术大学出版社，2012.

[2] 潘祖仁. 高分子化学[M]. 5版. 北京：化学工业出版社，2011.

[3] 孙汉文. 高分子化学实验[M]. 北京：化学工业出版社，2012.

[4] 张兴英. 高分子科学实验[M]. 北京：化学工业出版社，2004.

[5] 李青山. 微型高分子化学实验[M]. 2版. 北京：化学工业出版社，2009.

[6] Dietrich Braun, et al. Polymer Synthesis：Theory and Practice：Fundamentals，Methods，Experiments[M]. [S. l.]：Royal Australian Chemical Institute，2005.

[7] R J Del Veccho. Understanding Design of Experiments：A Primer for Technologists (Progress in Polymer Processing[M]. [S. l.]：Hanser Publications，1997.